Ciencia Ficción

-Extrema-

Proyecto de colección

R&M.

El Gran Rebote del Universo.

> sobre si mismo <

.

Título original: **El Gran Rebote del Universo. > sobre si mismo <**

Author: Mario de Sandozequi.

Primera edición 2017.

Diseño cubierta: *BookSurge*

Fotografía portada: R. Mijares and *BookSurge*

Proyecto de colección: R&M

Traducción: Mario de Sandozequi

ISBN-10: 154655927

ISBN-13: 978-1546555926

ASIN: B01K0QPGW0

Deposito Legal: 07/05-2017

Printer: *CreateSpace, An Amazon.com Company*

eStore address (www.CreateSpace.com/Titulo)

Printed in *Charleston*. SC, USA.

En recuerdo:

"Las antiguas apelaciones a los chovinismos raciales, sexuales y religiosas y al fervor nacionalista, están perdiendo fuerza. Una nueva conciencia se esta desarrollado que ve a la Tierra como un organismo y reconoce que cualquier organismo en guerra intestina o consigo mismo esta condenado a extinguirse el solo"

Carl Sagan.

Mario de Sandozequi

El Gran Rebote del Universo.

> sobre si mismo <

Ciencia en ficción extrema.

El Gran Rebote del Universo.

> sobre si mismo <

Por Mario de Sandozequi.

José se dirige apresuradamente hacia su pequeño observatorio, va perseguido por sus pensamientos resientes. Trata de esquivar cada árbol y rama de la angosta vereda del bosque que rodea su casa, en medio de la noche más negra de la época, sin luna y sin ninguna nube.

Su pequeño observatorio, que durante varios años ha estado equipando con un telescopio catadióptrico tipo <Maksutov-Cassegrain> de 12" F10, y una antena o radio telescopio de 6 m de diámetro, enlazados a varios osciloscopios, que a su vez están interconectados a dos mini computadoras con varios programas especiales, para lograr analizar la ondas electromagnéticas o luz proveniente del objeto que se observa.

Este análisis permite identificar, entre otros datos: distancia, composición, temperatura, velocidad de movimiento y dirección, edad, rayos X, rayos gamma y otras variables importantes. José trabaja con varios amigos y colegas, interconectados por sus computadores a una red electrónica, desde varios países y pueden establecer mediciones con suficiente precisión para conocer un poco del inmenso Universo.

Al llegar al observatorio, ya lo espera su amiga de toda la vida Roseta, con quien ha compartido casi todos sus estudios. Los dos estudian su maestría en el *Instituto de Astronomía* de la Universidad Nacional Autónoma de México (UNAM), gracias a una beca otorgada por un organismo desconcentrado del Gobierno, dedicado a la ciencia y la tecnología. Sin esta beca, José, su amiga y centenares no podrían continuar sus estudios, por lo que es muy importante para muchos jóvenes e investigadores.

Roseta, al ver a José, se lanza sobre el y lo abraza con gran emoción, alegría y casi llorando. Pero con tal impulso que los dos caen al suelo. "¿Lo tenemos?" le pregunta José con expectación y Roseta le responde: "por supuesto, solo mira la pantalla, ¡es el - agujero negro- más grande que se haya identificado en todo el Universo visible!".

Y agrego con cierta emoción: "Estamos quizás cerca de determinar con precisión el origen y composición de la *Energía del vacio*. *Energía de Punto cero ZPE* o mejor dicho: la energía más baja que un sistema físico mecano-cuántico puede poseer es la energía del vacio".

"Recordemos entre otros conceptos, el "Hamiltoniano" H, el cual presenta dos significados distintos pero relacionados. En mecánica clásica, es una función que describe el estado de un sistema mecánico en términos de las variables posición y momento y es la base para la reformulación de la mecánica clásica conocida como mecánica hamiltoniana. En mecánica cuántica, el operador Hamiltoniano es el correspondiente al observable o "energía" del sistema".

José respondió: "Además, recordar al <"estado fundamental"> dentro de la Mecánica Cuántica es también un "estado estacionario", en el cual la densidad de la probabilidad NO varía con el tiempo. Y una de las consecuencias más importantes, resulta en que los estados estacionarios tienen una energía definida, es decir, son autofunciones del Hamiltoniano del sistema.

Como es una <autofunción del Hamiltoniano>, un estado estacionario no está sujeto a cambio o decaimiento (a un estado de menor energía). En la práctica, los estados estacionarios no son "estacionarios" para siempre debido a pequeños efectos perturbativos.

También debemos recordar que un <tensor de tensión-energía>, también llamado tensor energía-impulso o tensor de energía – momento, es una cantidad tensorial en la teoría de la relatividad que se usa para describir el flujo de energía y el momento lineal de una distribución continua de materia en el contexto de la teoría de la relatividad, es decir, la curvatura del espacio-tiempo viene dada por el tensor de energía-impulso generado por la energía en transformada en materia o masa.

Esto significa por tanto, que la energía del punto cero es la energía más baja que un sistema puede tener, no puede ser eliminada de dicho sistema. Un término relacionado es el campo del punto cero que es el estado de energía más bajo para un campo, su estado base, que no es cero.

Roseta podía imaginar casi como en sueños, las ecuaciones y con ellas podía imaginar o extrapolar como seria en la realidad la *Teoría cuántica de campos*, el tejido del espacio se visualiza como si estuviera compuesto de campos, con el campo en cada punto del espacio-tiempo siendo un oscilador armónico simple cuantizado, que interactúa con los osciladores vecinos.

Ella sabia que en mecánica cuántica ordinaria, la energía del punto cero es la energía asociada con el estado fundamental del sistema. La energía del punto cero es el valor esperado del *Hamiltoniano* del sistema, recordó. Resultando en una energía del punto cero técnicamente infinita. La energía de punto cero es de nuevo el valor esperado del *Hamiltoniano*; aquí, sin embargo, sabía algo muy importante y que afectaría a todo el Universo futuro y comento, Si de acuerdo, la frase valor esperado del vacío es más comúnmente utilizada, y la energía es nombrada como *"energía del vacío"*.

Además, en cosmología, la energía del punto cero ofrece una posibilidad intrigante para explicar los especulativos valores positivos de la constante cosmológica.

En resumen, si la energía está "realmente allí", entonces debería ejercer una fuerza gravitacional. En relatividad general, la masa y la energía son equivalentes y cualquiera de ambas puede producir un campo gravitatorio.

La energía del punto cero del vacío es absurdamente enorme o es infinita, por tanto debe o debería doblar a todo el Universo sobre si mismo o el espacio-tiempo de forma claramente visible en su fin.

José, aún inmerso en el asombro, mira las medicines obtenidas y comenta sorprendido: "¿Los resultados sobre el calculo de su posible masa están resueltos también?", "Si" responde Roseta, "es de unos 2.0×10^{10} (20,000 millones) de masas solares y domina a todo el *Cumulo galáctico de "Phoenix"* (Cumulo con unas 10,000 galaxias) y a una distancia de 5.7 millones de años luz de la Tierra.

En ese instante, una de las pantallas enciende una luz roja y una alarma y José y Roseta rápidamente se acercan para ver que sucede. La cara de ambos se sorprende al ver que un flujo continuo de fotones, situados perpendicularmente y a la derecha del eje de rotación del masivo agujero negro, logran escapar del *horizonte de eventos* o *punto de no retorno*, a la velocidad de la luz.

Los análisis preliminares de esta radiación escapada, muestran que la temperatura del agujero negro en su horizonte de eventos es casi el cero absoluto o de tan solo: 1.4×10 a la -14 grados Kelvin. Es tan frio, que absorbe la energía de la *radiación de fondo* generada en el *Big Bang,* que en comparación esta muy caliente o a solo 2.7 K. y cada año, crece en su masa, el equivalente a unos 60 millones de soles.

"Como otros investigadores han demostrado", responde José, "los agujeros negros mientras más grandes más fríos y más energía pueden absorber de la radiación de fondo de solo 2.7 K. Por tanto, todos los agujeros negros del Universo están ganando masa o energía de la radiación de fondo del *big bang* presente en el espacio-tiempo o Universo".

Roseta, le responde: "La temperatura de agujeros negros está conectada a la -*radiación de Hawking*-, que a través de vastos períodos de tiempo, los agujeros negros generarán partículas virtuales a la derecha en el borde de sus horizontes de sucesos. El tipo más común de las partículas son fotones, también conocido como la luz, también conocido como calor o radiación infrarroja".

"En efecto", Ros, y agrega: "Normalmente estas partículas virtuales son capaces de recombinarse y desaparecer en una "*nano nube de aniquilación*" tan pronto como aparecen. Pero cuando un par de estas partículas virtuales aparecen a la derecha (giro negativo del agujero negro) en el horizonte de sucesos, la mitad de la pareja cae en el agujero negro, mientras que el otro está libre para escapar hacia el Universo y decirnos algo de las entrañas del agujero negro, lo mismo sucede en aquellos con giro positivo pero aparecen a la izquierda".

Roseta, le ordena a su computador mostrar una simulación grafica desde la perspectiva de un observador externo, que vea estas partículas que escapan del agujero negro. Y la imagen revela el flujo de fotones escapados y le muestra la medición de la temperatura, casi en la superficie del "horizonte de sucesos" del agujero negro súper masivo.

José logra confirmar la temperatura del agujero negro y aclara: "la temperatura demuestra que es inversamente proporcional a la masa del agujero negro y al tamaño del horizonte de sucesos. Y como en la superficie curva del horizonte de sucesos de un agujero negro, existen muchos caminos que un fotón podría tratar de tomar para alejarse del horizonte de sucesos, pero la gran mayoría de los caminos, lo llevan hacia abajo, debido a la gravedad del agujero".

Roseta sabe que existen unos caminos "raros", cuando el fotón está viajando perfectamente perpendicular al horizonte de sucesos, entonces el fotón tiene la oportunidad de escapar y responde: "Si, cuanto mayor sea el horizonte de sucesos, menos caminos existen que pueda tomar un fotón. Y cada vez le es más difícil escapar. Dado que la energía está siendo liberada en el Universo, en algunas zonas del horizonte de sucesos del agujero negro, este, proporciona con su gran masa, la energía para liberar a estos fotones escapados".

"Si Ros, un agujero negro de masa solar podría tener una temperatura de sólo 0.00000006 Kelvin". Y agrega: "dado que estas temperaturas son mucho más bajas que la temperatura de fondo del Universo, alrededor de 2.7 Kelvin, todos los agujeros negros existentes tendrán una ganancia global de la masa, cada día que pasa, aún sin estarse alimentando de estrellas o de otros agujeros más pequeños, hasta que el Universo sea más frio que ellos".

"Es un echo" responde Roseta, "además están absorción de energía de la radiación cósmica de fondo, más rápido de lo que se evapora, les da una incomprensible cantidad de tiempo de existencia para el futuro.

Dado que hasta que la temperatura de fondo del Universo caiga por debajo de la temperatura de estos agujeros negros, podrán entonces, comenzar su evaporación neta".

Su amigo Jorge en UK, se ha conectado ya y revisa ansioso toda la información obtenida de varias noches con sus amigos para el calculo computarizado y también esta conectado con Andrés y su radio observatorio *Atacama Large Millimeter Array (ALMA)*, en el desierto de Chile, con 66 antenas interconectadas de 12 metros de diámetro y siete antenas de 7 metros (milimétrico y sub milimétrico), dándoles acceso cada mes por algunas noches y días a todo el grupo.

Y Jorge, agrega: "Claro, un agujero negro con la masa de la Tierra es todavía demasiado frío. Sólo un agujero negro con aproximadamente la masa de la Luna está lo suficientemente caliente para que pueda iniciar su lenta evaporación, más rápida, de lo que está absorbiendo la energía del espacio-tiempo del Universo".

"¡Bien!", agrega Jorge, "Tenemos tarea. Ahora podemos calcular la masa total del Universo visible y ¡más allá! No solo al día de hoy, sino también en el futuro y saber si el Universo detendrá su expansión y se colapsara sobre si mismo y en su caso, quizás hasta saber a que velocidad y cuando sucederá".

Los bancos de datos de sus amigos en Australia, Rusia, Alemania, UK y USA-Canadá contenían, desde hacia algunos años, el calculo aproximado de la cantidad de cúmulos galácticos y galaxias y como casi todos tenia uno o hasta varios agujeros negros híper masivos, era posible calcular la masa total del universo visible, sin considerar por el momento, la energía de vacio o punto cero ZPE.

También tenían la tasa promedio de fusión estelar por tipo de estrella y la cantidad aproximada de estrellas por tipo, permitiendo estimar la cantidad neta de energía convertida en materia o masa, emisión de neutrinos.

Y además, con los estudios efectuados ahora podían agregar la tasa de nacimiento y muerte de estrellas, por cada tipo y dependiendo de la densidad y tipos principales de galaxias.

Eran números muy grandes, pero con la ayuda de las computadoras no tendrían problema en obtenerlo en unas horas o días, pues faltaba agregar la tasa de alimentación de los agujeros negros súper masivos de la radiación de fondo del Universo y calcular la proporción respectiva para los agujeros negros más pequeños.

José, se esforzaba en ese instante por configurar las órdenes al computador para que calculara, si los agujeros negros súper masivos tendrían el tiempo suficiente para lograr llegar al punto de que la evaporación fuese neta o iniciase realmente.

Era un aspecto crucial de la hipótesis de investigación de su tesis de maestría: ¿si la alimentación se detenía o disminuía algún día, entonces el agujero negro iniciaría su evaporación, hasta terminarse casi toda su masa y explotar en una nube de energía al final?,

No obstante, ¿si la alimentación fuese constante y en crecimiento de acuerdo al tamaño del agujero negro y su temperatura sería cada vez más baja, entonces nunca se evaporarían y acabarían todos muy juntos, tan juntos o unidos que serian uno solo al final?.

José recordó , que si eso sucedía, al unirse los dos o tres últimos grandes agujeros negros del Universo, esto, ¿podría causar un nuevo *Big Bang* o un "rebote" del Universo sobre si mismo? Además, ¿podría suceder dentro de la misma línea de tiempo del Universo actual, o bien, reiniciando desde cero años con el nuevo con el nuevo *Big Bang*?" y mostro una figura en la pantallas de todos:

Roseta agrego: "Bueno tenemos los resultados de la *Swift Spacecraft* para medir su luminosidad y la masa del agujero negro súper masivo que esta activo como "*Quásar*" híper luminoso S50014+81, el mayor agujero negro súper masivo encontrado hasta la fecha, con un peso de 4.0 × 10 a la 10 MS (40,000 millones de Masas Solares).

Y es, unas 10,000 veces más grande, que el agujero negro masivo localizado en el centro de nuestra Vía Láctea. El Quásar está a 12,100 millones de años luz de distancia de la Tierra". En ese instante, se proyecto en las pantallas, la imagen de la gran galaxia. Sorprendió a todos por su gran *espíritu galáctico* y tenaz gravedad de un verdadero coloso del Universo.

Jorge, respondió con tono de admiración incrédula: "Es un hecho que la galaxia anfitriona de S50014+81 es un –*Blazar*- clase (FSQR) de tipo elíptica y de gran tamaño viajando a gran velocidad (44.8 millones de km/hr). Unas 25 veces más rápido que nuestro grupo local, con su agujero negro súper masivo en su centro, responsable de la actividad intensa del Blazar.

Y como otros Quásares, en su centro contiene un agujero negro súper masivo, atrayendo y dirigiendo el viaje de las galaxias exteriores a él (más de diez mil en todo el súper cúmulo galáctico)".

Las grandes pantallas mostraban Quásares y Blazares con casi toda su evolución, tipos y clasificación.

El "Quásar" híper luminoso S50014+81, contiene el mayor agujero negro súper masivo encontrado hasta la fecha, que pesa 4.0 × 10 a la 10 MS (40,000 millones de masas solares). Pero no es el más frió pues esta absorbiendo energía y materia a granel. Y son unas 10,000 veces más grandes que el agujero negro masivo localizado en el centro de la Vía Láctea. El Quásar está a 12,100 millones de años luz de distancia de la Tierra.

La galaxia anfitriona de S50014+81 es un "Blazar" clase (FSQR) de tipo elíptica y de gran tamaño viajando a gran velocidad (44.8 millones de km /hr. Unas 20 veces más rápido que el grupo local), con su agujero negro súper masivo en su centro, responsable de la actividad intensa del Blazar. Como otros Quásares tiene un agujero negro súper masivo en su centro, vigilando las acciones de las galaxias exteriores a él (mas de 80 mil en todo el súper cumulo galáctico).

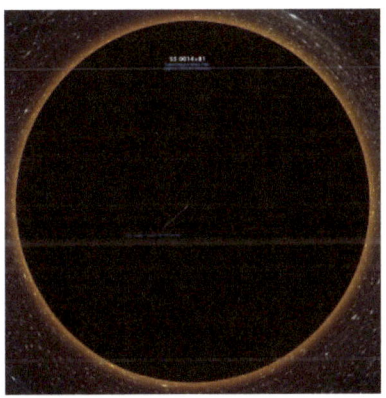

Son unas 10,000 veces más fuertes, pesadas y luminosas que el de la Vía Láctea. 10,000 veces más masivo que este y aproximadamente 6 veces más que el agujero negro súper masivo de la Galaxia elíptica M87 (Messier 87), quien fue el más grande y masivo durante 60 años.

El Radio de Schwarzschild es de 120 mil millones de kilómetros, con un horizonte externo o diámetro de 240 mil millones de kilómetros (1,600 unidades astronómicas, UA), y su masa equivalente a cuatro Grandes Nubes de Magallanes concentradas en dicho espacio.

Cuásares y Blazares. Un cuásar o quásar (acrónimo: Fuente de Radio Cuasi- Estelar en inglés de quasi-stellar radio source) o una fuente astronómica de energía electromagnética, que incluye radiofrecuencias y luz visible. Se conocen más de 200 000 cuásares y todos los espectros observados tienen un corrimiento al rojo considerable y no todos están tan lejos.

El cuásar que aparece más brillante en el cielo es el 3C 273 de la constelación de Virgo. Está a una distancia de ~670 millones de parsecs, o sea, en torno a 2200 millones de años luz. La luminosidad de este cuásar es unos dos billones (2 × 10 a la 12) de veces mayor que la del Sol, o cien veces más que la luz total de una galaxia media como la Vía Láctea.

Se ha descubierto que los cuásares varían de luminosidad en escalas de tiempo diversas. Algunas varían su brillo cada mes o semanas, días u horas.

Esta evidencia ha permitido suponer que los cuásares generan y emiten su energía desde una región muy pequeña, puesto que cada parte del cuásar debería estar en contacto con las otras en tal escala de tiempo para coordinar las variaciones de luminosidad.

Como tal, un cuásar que varía en una escala de tiempo de algunas semanas no puede ser mayor que algunas semanas luz de ancho.

Ya que los cuásares muestran propiedades en común con todas las galaxias activas, se han comparado las emisiones de los cuásares con aquellas de galaxias activas pequeñas debido a su similitud.

La mejor explicación para los cuásares es que están alimentados por agujeros negros supermasivos.

Para crear una luminosidad de 1040 W (el brillo típico de un cuásar), un agujero negro supermasivo debería consumir la materia equivalente a diez estrellas por año.

Los cuásares más brillantes conocidos deberían devorar 1000 masas solares de materia cada año. Se cree que los cuásares se «encienden» y «apagan» dependiendo de su entorno.

Una implicación es que un cuásar no continuaría alimentándose a esa velocidad durante 10000 millones de años, lo que explicaría satisfactoriamente por qué no hay cuásares cercanos. En este marco, después de que un cuásar acabase de consumir el gas y el polvo, se convertiría en una galaxia normal.

Los cuásares también proporcionan algunas pistas sobre el fin de la reionización del Big Bang. Los cuásares más viejos (z > 4) muestran un efecto Gunn-Peterson y tienen zonas de absorción en el frente de ellos indicando que el medio intergaláctico en ese momento era gas neutro.

Los cuásares más recientes no muestran zonas de absorción, pero en su lugar, sus espectros muestran una parte puntiaguda conocida como bosque Lyman-alfa. Esto indica que el medio intergaláctico está sometido a una reionización hacia plasma y que el gas neutro solo existe en cúmulos pequeños.

Otra característica interesante de los cuásares es que muestran evidencias de elementos más pesados que el helio. Esto significa que esas galaxias estuvieron sometidas a una fase masiva de formación estelar creando estrellas de población III entre el momento del Big Bang y los primeros cuásares observados-

Un blazar es una fuente de energía muy compacta y altamente variable, asociada a un agujero negro situado en el centro de una galaxia. Los blazares están entre los fenómenos más violentos del universo, y son un tema importante en la astronomía extra galáctica.

Los blazares son un tipo particular de núcleo activo galáctico (en inglés, Active galactic nucleus o AGN), caracterizado por emitir un jet relativista. Actualmente se acepta que un blazar es un cuásar, con la salvedad de que su jet se encuentra apuntando en dirección a la Tierra. El hecho de que observemos el jet orientado directamente a nosotros, explica tanto la intensidad como la rápida variabilidad y rasgos de los distintos tipos de blazars.

Muchos blazars parecen experimentar velocidades superlumínicas dentro de los primeros pársecs de sus jets, probablemente debido a los frentes de onda de choque relativísticos.

Los blazars no constituyen un grupo homogéneo, y se dividen en dos grupos:

Cuásares altamente variables, (denominados también en inglés "OVV", de Optically Violent Variable quasars), que son un pequeño subgrupo dentro de los quásares.

Vladimir, agrego con un tinte solemne: "Bueno, este agujero es unas 10,000 veces más fuerte, pesado y luminoso que el de la Vía Láctea. 10,000 veces más masivo que este y aproximadamente 6 veces más que el agujero negro súper masivo de la Galaxia elíptica M87 (Messier 87), quien fue el más grande y masivo durante 60 años, pero ¿cuál es su diámetro?".

"El *Radio de Schwarzschild* es de 120 mil millones de kilómetros" respondió Roseta, "y con un horizonte externo o diámetro de 240 mil millones de kilómetros (1,600 unidades astronómicas, UA*, y su masa equivalente a cuatro *Grandes Nubes de Magallanes concentradas en dicho espacio".*

*Una AU (Unidad Astronómica) es igual a la distancia promedio entre el Sol y la Tierra (150 millones de km. Y un pc (pársec) es igual a = 206.265 AU = 3.2616 años luz = 3.0857×10 a la 16 m.

José respondió: "Cierto, pero también sabemos que no es muy antiguo, ya que se generó unos 1,600 millones de años después del Big Bang, este agujero negro súper masivo crece al parecer cada vez con mayor velocidad, además, es el –Quásar- más activo y luminoso conocido, con una energía de aproximadamente 10 a la 41 vatios, que en magnitud absoluta es de 16.5. Si el Quásar estuviera a unos 300 años luz de nosotros, su luminosidad sería de 300 trillones (3×10 a la 14) de veces la del Sol o 25 mil veces la de 400 millones de estrellas de la Vía Láctea".

Por fin todos estaban conectados y preparados con sus resultados o avances para iniciar su integración y quizás poder obtener conclusiones o validar sus hipótesis. Los 11 amigos e investigadores trabajan desde hacia más de un año en equipo con las siguientes áreas o hipótesis de trabajo:

- Andrés en Chile: Determinación de la forma real de Universo visible
- Jorge en UK: Que es el Universo o como funciona
- José en EUM: Posible origen y final de Universos "intrascendentes" o con A.N.
- Juan en USA: Determinación de constituyentes del Tiempo-Espacio y

  a. Orígenes del *Flujo Oscuro,* conciliación o no de GR vs. QM y

  b. Aproximación fina a la *Teoría de campo unificado*

- Julia en Venezuela: Función principal de los *Agujeros Negros* (A.N.) súper masivos
- Kim en Canadá: Comprobación y aplicación del efecto *Espeluznante Acción a Distancia*
- Martín en Alemania: Modelo matemático de generación de nuestro Universo
- Pedro en Australia: Demostración de probabilidad de *viajes en el tiempo* (pasado o futuro)
- Roseta en España: Energía y Materia Oscura (real o ficticia)
- Vladimir en Rusia: Software integral de simulación de universos posibles
- Yuri en Japón: Composición del *Flujo Oscuro* de la Gran red Cósmica

Todos conocían bien la importancia de cada investigación y su interrelación y casi forzosa integración, sin embargo, José sabía muy bien, que sus resultados dependían de los resultados de todos los demás. También, sabía que podrían existir factores aún no conocidos y que alteran sus resultados o conclusiones, pero estaban todos conformes, en que al menos, en las condiciones actuales, se podría lograr una conclusión valida.

Andrés, ya había mostrado a todos sus resultados finales, obtenidos con ayuda de varios telescopios de Hawái y presento a todos los resultados de su tesis, donde validaba la forma inicial obtenida por sus colegas hacia algunos años y que nombraron "*Laniakea*" (Cielos in-mensurable) o el súper cúmulo galáctico en donde nacemos, vivimos y morimos.

Pero los resultados mostraban que *Laniakea* no estaba sola en el Universo, sino, que tenía al menos dos compañeros tan grandes y poderosos como ella, (*Perseus-Pisces*" y "*Shapley*), pues eran trillizas, al nacer de la misma cepa primigenia y siguiendo invariablemente al "*Flujo Oscuro*" de la *Gran Red Cósmica*.

En ese instante, Andrés proyecta en las pantallas de todos, las cantidades (+ - 5%) obtenidas de materia presente en el Universo visible y solicita al computador se sume los cálculos de masa presente en todos los agujeros negros respectivos (proporcionales a la masa de cúmulos y galaxias existentes:

Simulaciones de Laniakea (*cortesía Obs. Hawái y Nature*)

- 10 millones de súper cúmulos + sus agujeros negros híper masivos
- 25 mil millones de grupos de galaxias + sus agujeros negros masivos
- 350 mil millones de galaxias grandes + sus agujeros negros masivos centrales
- 7 billones de galaxias enanas + sus agujeros negros centrales
- y 33 mil billones o 3.3×10^{22} de estrellas + tasa de estrellas que se convirtieron ya en agujeros negros y en estrellas de neutrones o quarks.

En el futuro, para todos, seria muy importante estudiar a fondo y comprender el comportamiento de la energía y la materia en el espacio-tiempo o Universo. Este parecía estar conformado por grandes regiones de espacio tiempo, formadas por ondas esféricas hasta la longitud de Planck, y que fluían en una sola dirección >hacia el futuro>.

Cada gran región parecía comportarse como un gran océano o mar de ondas y las llamarían: *Gran "gota" de espacio tiempo o Mar de Ondas Planck,* cada una con formas diversas o formas de curvatura local de espacio-tiempo, con su propio flujo continuo o flujo de espacio tiempo, por eso todas las galaxias se dirigen (se resbalaban o se deslizaban) hacia el mismo lugar o centro de cada gran gota a la que pertenecían.

Seria muy importante comprender para sus estudios, que nuestro planeta y galaxia existen en una de esas grandes "gotas" de espacio-tiempo, de tres que son posiblemente hermanas y de más de diez millones que se calcula contiene el Universo visible.

Pues permitiría obtener respuesta a cual es la forma real que tiene el Universo, como si encendieran la luz de la habitación y se pudiese observar la forma del espacio-tiempo y dejarlo de mirar de color negro.

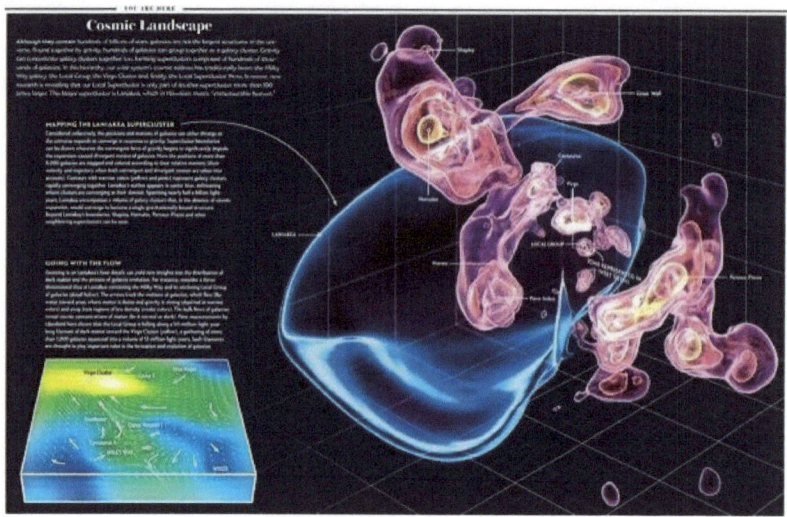

Estas grandes gotas de espacio-tiempo, con sus propias y peculiares curvaturas locales, generadas por la concentraciones de energía y materia, debido a las vibración del Big Bang y al enfriamiento de cada gran gota experimentado, domina la dirección de hacia donde se dirige la Tierra y a que velocidad y porqué todas las Galaxias ya han definido su camino y dirección hacia el >centro de su gran región< con forma de "gota" hecha de "Mar de Ondas Planck" (Espacio-Tiempo),

También será muy importante su estudio, porque quizás no importe mucho el alejamiento por la expansión del Universo o estiramiento de las grandes gotas.

Al encontrar a "*Laniakea*" palabra hawaiana que significa *"Cielo inmensurable"*, o súper cúmulo galáctico en donde nacemos, a una velocidad aproximada del grupo Local y nuestra galaxia de aproximadamente 2.8 millones de km por hora y una velocidad de expansión de 247.88 años luz por segundo de un Universo "oscilante" (Big Bang a Big Crunch) !

Pero Laniakea no está sola, a su lado tiene a dos grandes súper cúmulos tan grandes y poderosos como ella (*Perseus-Pisces*" y *"Shapley*), pues son trillizos, al nacer de la misma cepa primigenia y siguiendo invariablemente al "flujo Oscuro" de la gran red cósmica.

Vladimir, experto en computación, comento a todos: "Dentro de poco Andrés y algunos de nosotros, obtendremos los resultados de materia del Universo visible y se incluirá el calculo de materia o polvo cósmico que rodea cada galaxia y cumulo galáctico de acuerdo a lo observado en la Vía Láctea y casi un millón de galaxias cercanas, para estimar el de todas".

José, respondió agradecido y confirmo a todos con: "Felicitaciones Vladimir, el ajuste o adición que señalas es muy importante, pues como se ha demostrado, todas las galaxias y cúmulos tienen una gran nube de partículas o gas y polvo cósmico de muy baja densidad y que las rodea a 1 o 2 o más millones de grados K, temperatura generada por el –Quásar- que las origino y que como en nuestra galaxia representa de dos y hasta cuatro veces de la masa de esta.

Por lo que es muy importante considerarla en el cálculo del total de materia del Universo y que nos será de vital importancia para responder, si el Universo se colapsaría sobre si mismo o no y en su caso, en que fecha".

Recordó que la "edad" del Universo es diferente a su "tamaño", pues son dos magnitudes distintas. El tamaño depende de la velocidad de expansión durante el tiempo o edad. La velocidad actual se calcula en 247.88 años luz por segundo terrestre.

Y agrego: "Si en un punto dado del universo se mira a la izquierda, podrás solo mirar hasta la edad del universo (tiempo de existencia), es decir 13.7 mil millones de años terrestres + si miras a la derecha, otros 13.7, pero si pudieras viajar instantáneamente a uno de esos puntos, de nuevo verías 13.7 a la izquierda y a la derecha y hacia cualquier dirección.

Por tanto: 27.4 x 2 = 57.8 + 27.4 = 82.2 como mínimo, pero por la velocidad de expansión acelerada actual se incrementa a = 93 mil millones o más. Es decir: 46.5 a la izquierda + 46.5 a la derecha o más, como mínimo", recalco.

Además comento: "significa también, que solo podrás recibir la luz o espectro electromagnético u ondas gravitacionales. etc. de aquélla que lleva viajando hasta 13.7 mil millones, pues todo lo que este mas lejos su luz no podrá llegar hasta nosotros, porque esta tan lejos ya y la expansión la aleja aún más de nosotros y por tanto, no tendrá nunca, el tiempo suficiente para alcanzarnos y quizás nunca podremos ver más allá del universo observable.

Mientras tanto, todos se asombraron con la imagen de la gran nube que rodea nuestra galaxia, con temperaturas entre 1 y 2.7 millones de grados K. Pues era una gran muro para cualquier visitante de otra galaxia y claro, para cualquiera que quisiera salir de nuestra galaxia.

Pero quizás existiesen rutas intrincadas dentro de sus colosales movimientos, por donde la temperatura fuera mucho menor y lograr atravesarle sin problema.

Simulación de la nube que rodea a la Vía láctea.

Cortesía de Robert Homes.

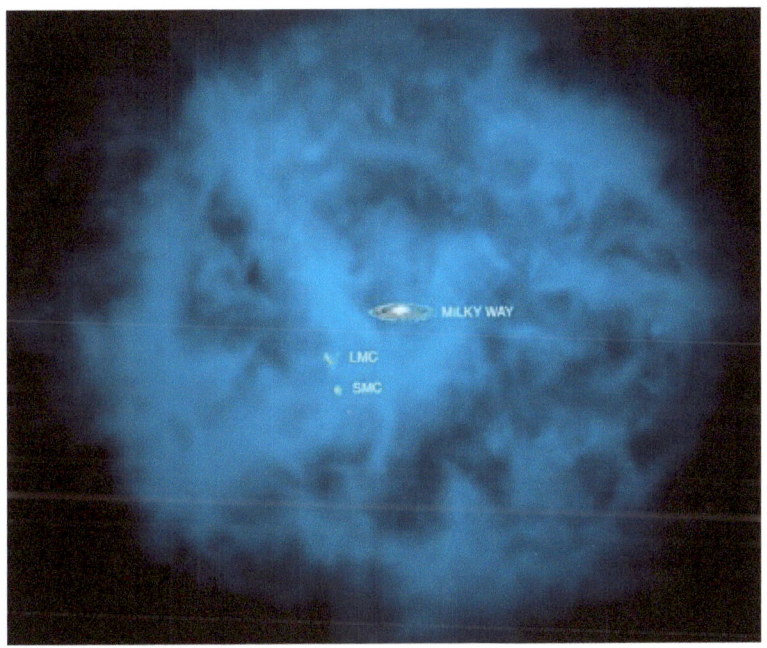

Esperarían todos muy impacientes y ansiosos por los resultados finales y la simulación de la forma real de Universo. Algo que ningún humano había visto jamás, pues desde siempre lo único que podían observar era la luz u ondas electromagnéticas provenientes de estrellas y galaxias, distribuidas al parecer al azar o por todos lados.

No obstante, no parecía que fuera así, los resultados preliminares mostraban que existía o tenían un tipo de orden en su distribución y en la dirección de su primer viaje y movimiento por el Cosmos.

Mientras tanto, Roseta informa a todos que "se reconfirmo los estudios y los resultados obtenidos de dos telescopios en el espacio, que efectuaron más de 15 mil mediciones de *estrellas binarias súper lejanas*, donde la posibilidad de que exista materia oscura es casi nula, por parte de tres colegas del *IA UNAM*".

Por tanto informa a todos: "La velocidad orbital es una constante a partir de cierta distancia de alejamiento de un objeto a otro". Jorge pregunta: "pero Ros ¿cuál es la distancia de alejamiento?".

"Bueno, eso depende de la masa de los objetos, por ejemplo, para nuestro Sol, es de 7,000 AU (Unidades Astronómicas) para masas mayores como las Galaxias y cúmulos galácticos, la distancia aumenta considerablemente".

Vladimir experto en ecuaciones, rápidamente aclara a todos: "Por supuesto, como nuestros colegas del IA encontraron, lo antes dicho invalida o modifica dos leyes físicas, una de Kepler y la otra de Newton sobre la gravitación.

Las órbitas ya no son elípticas y el periodo orbital se vuelve proporcional al radio de la órbita". Es decir: cuando dos objetos se encuentren orbitándose uno al otro, después de un cierto límite de alejamiento entre ellos, la fuerza de atracción o aceleración entre ellos se reduce, esto corresponde a una fuerza que decrece "inversamente" con la distancia y no como estableció Newton, inversamente con el cuadrado de la distancia".

José, no puede ocultar su alegría y agrega: "Si, toda la razón Vladimir, además esto explicaría el porqué las Galaxias mantienen sus estrellas, nebulosas, etc. unidas y sin la necesidad de la hipótesis de una supuesta materia oscura para mantener la cohesión galáctica y la de súper cúmulos" es decir: que a partir de cierta distancia entre dos estrellas binarias súper lejanas, la velocidad de órbita es constante sin importar la distancia entre ellas y proporcional al radio de la órbita".

(Infografía cortesía de Mariana Espinosa)

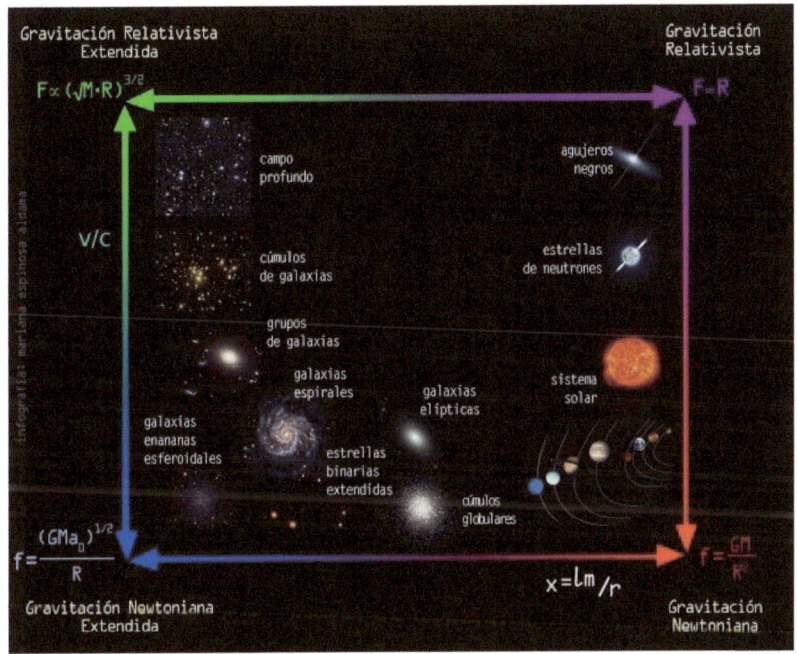

"Es un hecho responde Roseta, y explica a todos: "Además, ahora contamos con una gravitación con dos variantes o expresiones físicas y sus extensiones relativistas: 1. *Gravitación "Newtoniana"*, 2. *Gravitación "Relativista"* y sus *Gravitaciones "Extendidas"* de cada una. Y por lo tanto, generando la posibilidad de que no necesite a la "Materia Oscura" para explicar la cohesión galáctica o la de cúmulos galácticos, tal como lo muestra la infografía".

Cabe señalar que a una cierta distancia (dependiendo de las masas de los objetos en cuestión) la fuerza de atracción alcanzara dicho límite o nueva constante en 1.2 x 10 a la -10 m/s al cuadrado, para un distancia de alejamiento entre los objetos de una masa Solar será de hasta 7,000 AU".

Todos la felicitan y muestran su asombro al comprobar que la única razón para inventar la hipótesis de la existencia de materia oscura ha quedado totalmente desmentida en la realidad.

Sin embargo, José recuerda a todos que no se ha concluido esta investigación hasta que después de la hora de la comida se obtengan los resultados de las mediciones que han efectuado por más de un año de los -Lentes gravitaciones- observados y lo que parece materia o polvo azulado que se observada en muchos súper cúmulos galácticos.

Pero Roseta responde a todos, "calma, calma, pues aún no les he dicho los resultados de la existencia o no de la energía oscura". Y todos se quedan mudos y se miran impávidos y un poco conspicuos. Pues saben, que solo unos cuantos investigadores en el mundo, no confían en la hipótesis de la existencia de la energía y materia oscura.

Y continua: "Todos tiene en *archivos* el informe detallado con todos los cálculos y ecuaciones utilizadas para su consulta, pero les comentare solo lo importante: Primero, en todos los casos de lentes gravitacionales o radiación o polvo azulado se comprobó lo siguiente: uno, la masa de gravitación total recalculada de cada galaxia observada pudo explicar la formación del lente desde nuestra perspectiva" y dos, no se necesito agregar un montón de materia oscura. Con solo aplicar la nueva constante encontrada de gravitación extendida, correspondiente a galaxias o a cúmulos galácticos".

"Con respecto al tono azul, se comprobó, en todos los casos, que es producto de la radiación o el efecto -*Siunyáiev-Zeldóvich*- (efecto SZ): que es igual, a la interacción de la radiación de fondo vs. Electrones libres más calientes o con una temperatura mayor a la de su entorno.

Esta interacción se da en las grandes estructuras del Universo, como los súper cúmulos o cúmulos galácticos. Teniendo como resultado neto, un corrimiento al azul en el espectro de la *Radiación de Fondo (CMB)*. La *densidad electrónica "Ne"* en un cúmulo galáctico a una temperatura entre 10 a la 7 K y 10 a la 9 K, producen una dispersión en la radiación de fondo".

"El efecto neto de esta dispersión es, por un lado, la disminución de intensidad en el CMB antes de los 220 GHz y un aumento en la intensidad registrada después de los 220 GHz. Este efecto hace ver en algunos casos regiones del CMB más frías (150 GHz), regiones homogéneas (220 GHz) y regiones más calientes (275 GHz). Si por ejemplo se hace un censo a 275 GHz de la radiación de fondo, se observaran regiones mucho más calientes que el promedio, descubriendo así las estructuras de los cúmulos galácticos, además por ultimo, estas variaciones no tienen nada que ver con las fluctuaciones de densidad del CMB."

Algunos, al escucharla y ver las graficas en las pantallas, entendían la trascendencia de las palabras y otros, no tan expertos en el tema pero conocedores del cielo, sabían que era lo que habían visto en sus noches de observación. Pedro en Australia, rápidamente enfoco uno de los telescopios ópticos en el espacio, donde podían tener acceso. Dos de los súper cúmulos del *Gran Atractor* y que resplandecían con ese peculiar tono azul-violeta, con sus miles de miles de galaxias atrajo a todo el grupo por todos sus confines y múltiples tipos de estructuras y sin nada de materia oscura, gracias al *efecto SZ*.

Los resultados además mostraban una dispersión de nubes de hidrogeno, electrones, protones, neutrinos y sub partículas a temperaturas altas, explicadas como remanentes expulsados y atraídos de la formación de Quásares y Galaxias.

En ese instante, de forma intempestiva, el enlace se corto y la computadora mostro el informe detallado de los resultados de la existencia o no de la energía oscura. Sorprendidos y con algo de duda y ansiedad, todos leían las conclusiones rápidamente.

Roseta explico: "el supuesto de la aceleración de la expansión cósmica parece ser solo un gran "espejismo" cósmico, debido a una evaluación incorrecta de la escala de tiempo cósmica en un Universo cuya materia a granel se distribuye de forma -no homogénea-". José y casi todos se quedaron estupefactos y casi congelados al lograr imaginar con ayuda de las proyecciones computarizadas, la distribución no homogénea de toda la energía y materia del Universo.

En seguida, se proyecto la figura, mostrando una sección radial del espacio-tiempo –dimensional- de nuestro pasado como un cono de luz cósmica: La materia se concentra en lugares que casi no se expanden llamados *"tubos de tiempo"*, separados por las áreas que si se expanden creando vacíos cósmicos. El retardo de tiempo como variable cósmica dentro de los "tubos" de tiempo con materia está indicado por proyección de perspectiva del pasado.

(Dibujo cortesía *de Wolfgang Kundt.*)

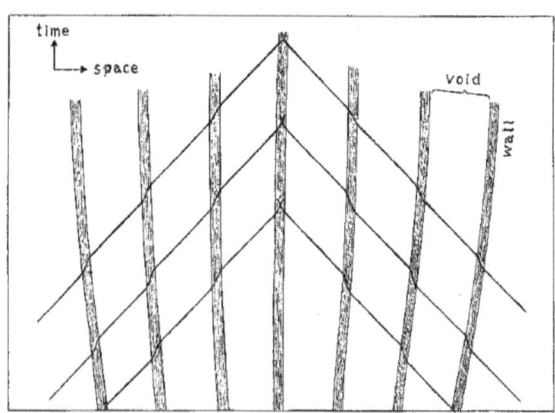

Todos recordaron que la "Energía oscura" era introducida por *Mike Turner*, un término cosmológico en las ecuaciones de campo de Einstein, durante más de medio siglo. Un término que no tenía ningún significado físico evidente, al menos no en un laboratorio, por eso, no podía ser rechazada de las ecuaciones de campo cosmológicas, si se buscaba utilizar las ecuaciones de segundo orden derivables de un escalar de *LaGrange*.

Durante la última década, con el aumento de precisión cósmica, las mediciones del promedio de la expansión, marcaron una tasa creciente del sustrato, es decir: una aceleración. Lo antes dicho, en evidente violación de la conservación de la energía: Una nube en expansión con objetos auto gravitantes debe desacelerar".

"Este mal comportamiento de la cinemática cosmológica es incluso un tanto engañoso pues no se corresponde con una densidad de energía, ya que si existiera, ejercería una presión negativa, prohibida por las desigualdades de energía clásicas para sustancias de laboratorio.

Por tanto en caso de existir seria una "no-energía", o en el mejor de los casos una "cuasi-energía". Y agrega al final de su presentación: "Por esta razón, se me ocurrió como una salvación de la cosmología la solución de *David Wiltshire* de despedir a la energía oscura por caduca (2007).

Su tesis es simple y convincente: Púes la constante Cosmológica, hasta entonces, se habían evaluado erróneamente, haciendo caso omiso de la distribución -no homogénea- del sustrato". "Y como ya sabemos el *efecto del tiempo de retraso de Shapiro* en el sistema solar y en estrellas de neutrones binarias con orbitas estrechas, donde las señales que pasan cerca de objetos pesados (estrellas, galaxias) llegan a un observador distante con un cierto retraso.

En la misma forma, cuando medimos la expansión cósmica, utilizamos los rayos de luz que se propagan a través de un Universo no homogéneo, con huecos y paredes y a veces se propagan a través del vacio o huecos.

Y a veces se propagan por <cremosas> concentraciones pesadas de masa o cúmulos de galaxias".

"Claramente, las fórmulas derivadas de un modelo de Universo homogéneo, no pueden describir nuestras observaciones correctamente, debido a no linealidades. Nuestra escala de tiempo u hora local, descrita por nuestra línea temporal o de tiempo, dentro de nuestra Galaxia, tiene que ser referida a la escala de tiempo cósmica, media a través de las intersecciones con los últimos conos de luz o con fuentes distantes en el pasado. No hay una razón a priori del por qué estas dos escalas de tiempo deban ser las mismas".

"Cada desviación puede esperar una aceleración, cuyo signo debemos calcular y cuya magnitud debe igualmente ser calculada. Se trata de un efecto acumulativo, que se obtiene por integración sobre grandes distancias de espacio-tiempo. *Wiltshire* ha hecho estos cálculos al igual que nosotros y podemos confirmar que nuestros resultados describen la expansión "aparentemente" acelerada observada del Universo. Y todo lo que tuvimos que hacer, fue evaluar rigurosamente nuestras observaciones".

Y termino diciendo: "Pues precisamente esta geometría no homogénea da lugar a un efecto global no trivial, en la medición del promedio, más allá de la geometría del espacio-tiempo. Y no se requiere un oscuro misterio (energía oscura) para su descripción".

Al final de la exposición, todos se sentían exhaustos de tantas ecuaciones y cálculos pero con alegría de descartar la *"materia y energía oscuras"* de una vez y por todas. Fueron a comer a sus respectivos lugares de costumbre para regresar lo antes posible y obtener los resultados que les faltaban.

Cuando están todos en su hora de comida, casi al término, sus teléfonos portátiles empezaron a sonar. Una de las alarmas se uno de los telescopios se había encendido, indicando que el evento "Agua" se estaba iniciando.

Con emoción y prontitud fueron a sus laboratorios u observatorios respectivos y pronto estaban todos de nuevo conectados observando con mucha inquietud y espíritu lúdico las pantallas que tenían.

Kim de Canadá, informo a todos, "dentro de unos instantes recibiremos las imágenes del gran disco de agua en estado liquido que gira alrededor de su estrella. Los cálculos indican que el gran océano tiene un volumen equivalente a unos mil millones de océanos de la Tierra y muy pronto un planeta gigante gaseoso se acercara a su zona de atracción gravitacional".

En ese momento, las pantallas por fin muestran el gran disco de agua girando alrededor de una estrella parecida a nuestro Sol. El disco es muy grande y ocupa la increíble distancia equivalente a la existente entre la orbita de Venus y hasta la de Marte y también es muy ancho casi como una gran dona de agua color azul al ser iluminada por su estrella.

Un –exoplaneta- gaseoso más grande que Júpiter cruza por fin el límite calculado de atracción y casi de inmediato sus capas superiores inician un vertiginoso viaje hacia el gran disco de agua. El planeta conforme se acerca al gran disco se desase lentamente en un torbellino de gases y polvo que fluye constantemente.

Y en solo unos minutos, el planeta pierde casi todos sus gases y va quedando su pequeño núcleo rocoso al descubierto. Hasta que se acerca tanto, que es destruido en múltiples pedazos, tragados por el gran disco de agua, en solo unos instantes. Todos están admirados y exaltados, de ver la desaparición de un gran planeta en un vasto océano y en solo unos minutos.

Al regresar la calma, Kim aprovecha para mostrar su informe técnico y su peculiar invento o aparato extraño parecido a un ábaco pero con pequeños puntos blancos y negros, colocados en filas horizontales y verticales. "Bueno", comenta José a Kim: "ya funcionara tu "spookyfax"? A no perdón, "spookyphone". Todos ríen y Kim sonríe con sarcasmo y solicita a Pedro se enlace de nuevo con el radio telescopio ALMA. Al mostrar las pantallas la conexión con el telescopio,

Kim comenta con la seriedad que la caracteriza de siempre: "Colegas, esta es la tercera vez que probare el efecto relativista denominando -Espeluznante efecto a distancia- (EED), e inicio su experimento, al medir la velocidad de transmisión de la información de un fotón presente en Canadá y entrelazado con otro en Australia. La computadora de Kim o mejor dicho la súper computadora que tenía a su disposición en el Instituto en Canadá mostro el resultado en solo 1 minuto:

Velocidad de transmisión de información actual (en la Tierra) = 10,014 veces la velocidad de la Luz.

Velocidad máxima en espacio-tiempo vacio y plano actual = 144,444 veces la velocidad de la Luz.

Nadie lo puede creer, todos están de nuevo muy sorprendidos, no del efecto EDD que conocían bien en la teoría, sino de la lectura de velocidad de más de diez mil veces más rápida que la velocidad de la luz.

Kim enfatizo a todos: "Nótese que este resultado no elimina la posibilidad de que la influencia de entrelazamiento sea instantáneo y puede ignorar *tiempo y espacio,* visto como la distancia entre dos ubicaciones"

Y recordó el experimento de su Prof. *Juan Yin*, y el tiempo que se tardaría la luz en viajar entre *Alice y Bob* era de unas 15.3 km, mientras que la acción de la dinámica de enredo tuvo que ser inferior a 0,35 ns.

Y considerando los factores que influyen en la interpretación de los resultados, la velocidad de la influencia de entrelazamiento fue de aproximadamente 10,000 veces la velocidad de la luz".

Todos recordaban y brindaron por el efecto EPR (*Einstein, Poldolsky y Rosen*) y por *John Bell*, quien a principios de 1960, demostró con sus experimentos que el mundo cuántico es de hecho <no local>.

(Figs. Cortesía de *Juan Yin*).

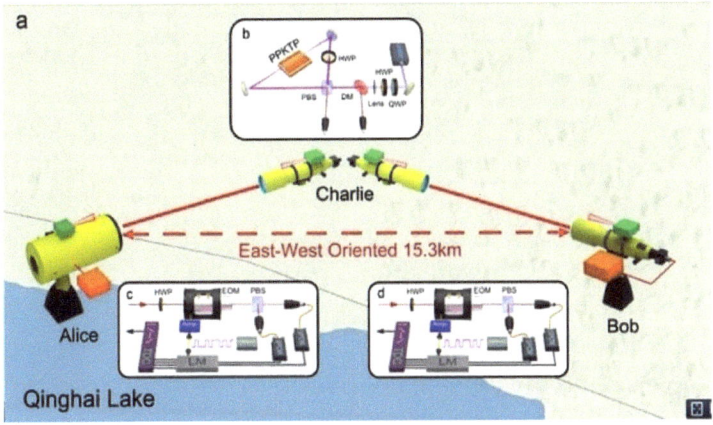

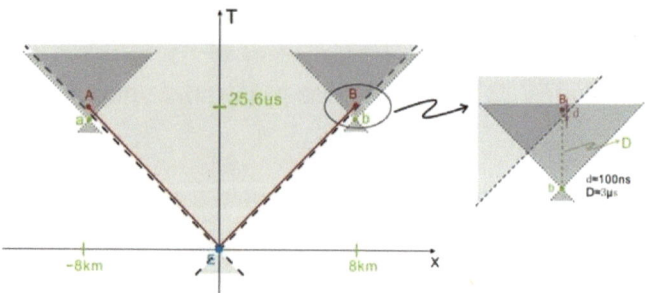

Después de más de un año, tenían datos reales y no era una velocidad infinita, sino que dependía al parecer del lugar espacial y la atracción gravitacional generada por el planeta (para transmisiones en la Tierra) y del Sol para transmisiones dentro del sistema solar y de la galaxia para las transmisiones interestelares, es decir: de la curvatura espacio-tiempo local. Una conexión directa cuántica con el macro Universo.

Kim comentó: "las mediciones efectuadas de otras galaxias y en especial del agujero negro súper masivo más grande conocido, muestran que también las transmisiones intergalácticas son frenadas por la atracción gravitacional como en la Tierra, pera cada vez se incrementa su velocidad de transmisión hasta un limite máximo de 10,666 veces la velocidad de la luz, en el espacio vacio de nuestro súper cúmulo Laniakea y sus hermanos".

"Asimismo, las ecuaciones que se desarrollaron con la ayuda de Martín en Alemania, muestran que la velocidad depende de la curvatura local del espacio-tiempo que exista en la distancia espacial presente entre dos fotones entrelazados. Mientras más cerca estén (mayor curvatura) = menor velocidad y mientras más lejos estén (menor curvatura) = mayor velocidad, lo cual apoya la demostración de la geometría del espacio tiempo".

En ese instante, Kim envió un mensaje utilizando fotones entrelazados, codificados en 0 y 1 y explico que cada pequeño círculo representa el mensaje codificado en círculos blancos para el 0 y negros para el 1 y enviara un "*byte*" (8 bits) de información.

Casi al mismo tiempo en el ábaco que estaba en Australia en poder de Pedro se formo el mensaje enviado por Kim, pero era solo una copia invertida. Kim le solicito a Pedro presionara el botón de "Invertir" y el mensaje regreso a su estado original (blancos y negros en igual al original, pero exactamente al revés).

Kim entonces solicito a Pedro poner el ábaco (*Spookyfax*) frente a un espejo y mirar el reflejo. Pedro y todos se sorprendieron mucho, al comprobar en la imagen del espejo, que el mensaje era igual al enviado.

Y añadió: "pronto lograremos solo escribir nuestro mensaje y el computador ahora en automático la inversión y copia, traducción y presentara el mensaje igual al original enviado.

Y después imágenes con solo puntos y finalmente podremos hablar al computador (*Spookyphon*) y este traducirá todo para poder ser enviarlo como Spookyfax y de nuevo reconvertirlo a voz para ser escuchado por el receptor. Y todo a diez mil veces o más, la velocidad de la luz".

José y los demás, inmediatamente querían estrenar y usar el nuevo aparato que Kim les había hecho llegar días antes a cada uno. Y enviarse mensajes <ultra rápidos> y sin importar que fuese solo un byte a la vez.

Otros discutían acaloradamente las aplicaciones e imaginaban poder comunicarse a las estrellas en solo unos cuantos minutos u horas, y claro, la felicitaron y se felicitaron y brindaron hasta el anochecer para algunos y hasta el amanecer para otros, con una inusitada y gran alegría en cada mensaje que lograban descifrar o decodificar con los pequeños espejos integrados al aparato, mejor que si estrenaran nuevos *celulares* (teléfonos móviles).

En los días siguientes, la actividad continua y todos los miembros del grupo diariamente intercambiaban opiniones y resultados y ordenaban nuevos cálculos a sus computadores, perseguían un esquivo objeto o fuerza desconocida a la fecha, solo nombrada como el -*Flujo Oscuro*-.

Dependían de los resultados de Andrés y Vladimir, pues desde hacia varias noches los esperaban con la forma real del Universo o espacio-tiempo, pero esa noche, Andrés, tendría por fin los resultados tan esperados por todos.

Yuri en Japón, buscando su doctorado, era la líder principal en el estudio del *Flujo Oscuro*, pero dependía en gran medida de los resultados finales de Andrés, sobre la forma real del Universo, invisible hasta la fecha para todo ser viviente en la Tierra. Y trabajaban todos los días en equipo para acelerar los cálculos de materia visible y energía del Universo y en especial en los tres súper cúmulos cercanos a la Vía Láctea. (Laniakea y sus dos hermanos *Shapley y Perseo*).

En cada lugar donde estaban ubicados, desde Institutos de Investigación, observatorios y hasta en sus casas, la emoción crecía cada hora, hasta que a las 9 pm en América, se encendió la señal que indicaba, después de más de cinco años, la terminación del barrido de cuantificación de materia y su concentración y temperatura, incluyendo la emisión total de la energía de galaxias presentes en los súper cúmulos y más lejos y el mapeo de dirección y velocidad de estas.

Andrés, visiblemente emocionado da la bienvenida: "Mis hermanos, hoy es un gran día para todos, en unos momentos veremos la imagen obtenida del Universo cercano en 3d (66% del universo visible), contiene a *Laniakea* y a sus dos hermanos con un detalle nunca antes logrado". Y todos aplaudieron y se prepararon con atención sobre los monitores o pantallas que tenían.

En ese momento, inicio la carga de la primera imagen "real" (correcta) del espacio-tiempo o del Universo cercano, las galaxias aparecían solo como un pequeño puntito negro sobre un fondo claro que permitía visualizar la curvatura del verdadero dominador del Universo, el espacio-tiempo en cada zona o región de cada súper cúmulo galáctico y la simulación sorprendentemente cambiaba la tonalidad o su color de acuerdo al grado de curvatura local y dirección de movimiento del espacio tiempo.

Marcando la ruta de cada galaxia, con un delgada línea negra y su velocidad (en crecimiento o aceleración) y parecía que seguirían esos caminos gravitacionales de forma irremediable cada una, hasta lograr alcanzar su erradicación en el *Gran Muro* y después en el *Flujo Oscuro*.

Conforme la imagen aparecía y se extendía por toda la pantalla, se revelaban múltiples esferas y abolladuras redondeadas y curveadas, algunas suaves y otras con curvas muy dramáticas. Todos estaban asombrados, el espacio tiempo tenía una forma física, visible solo a muy grandes escalas y todas estas "gotas" o burbujas gigantes de espacio-tiempo, moviéndose entre ellas y en alguna dirección a la velocidad de la luz.

Andrés, interrumpió el asombro de todos al comentar: "Bueno falta aún algo más sorprendente colegas, no lo van a creer je, je," y José y después todos le preguntaban a que se refería. Andrés respondió: "en la siguiente imagen podrán visualizar el <esqueleto> del Universo" y volvió a reír. Pero Yuri, que ya conocía los resultados a detalle, agrego: "bueno, por "esqueleto" nos referimos a la estructura con mayor cantidad de materia y energía, concentrándose desde que era muy joven el Universo.

En otras palabras es la –estructura- que sigue el -Flujo Oscuro- en su máxima profundidad posible", al tiempo que las pantallas proyectaban la sorprendente imagen de Laniakea, sus hermanos y sus "esqueletos" que eran rodeados por las grandes gotas de espacio tiempo y que eran "succionadas" con todas las galaxias que transportaban y que se resbalaban por sus curvas hasta alcanzar la región central o "espinazo" de cada una.

Andrés, después de responder muchas preguntas, se detuvo de pronto y llamo la atención de todos y aclaro algo todavía más sorprendente: "Como podrán comprobar en el informe final, cada súper cúmulo tiene su propio *esqueleto o flujo Oscuro* y las simulaciones muestran que desde que el Universo inicio su enfriamiento, la energía del *Big Bang*, se ha ido, por así decirlo, "enfriado".

Donde la energía se concentro más, formo materia y con esta se formo una especie de gran hilo o esqueleto hecho de agujeros negros súper masivos y mucho más frio que el Universo, a solo 1.4 x 10 a la -14 grados Kelvin (vs. Universo = 2.7 K)".

"Hoy los tres súper cúmulos o esqueletos cooperan y compiten por más galaxias o materia y espacio-tiempo, gracias a la curvatura del espacio-tiempo, que se genera con su inmensa masa, todas las galaxias literalmente se resbalan por estas curvas del espacio y van a parar al fondo, es decir, a dichos *esqueletos o filamentos o súper cuerdas.*

Y como el hilo central de cada esqueleto esta constituido por agujeros negros súper masivos y son capaces de tragar galaxias enteras que entren en su zona de no retorno. Es una zona de destrucción y descomposición total de miles de millones de galaxias. Pero lo más sorprendente, es que cada esqueleto parece que solo tendrá al final, la opción de unirse con los otros".

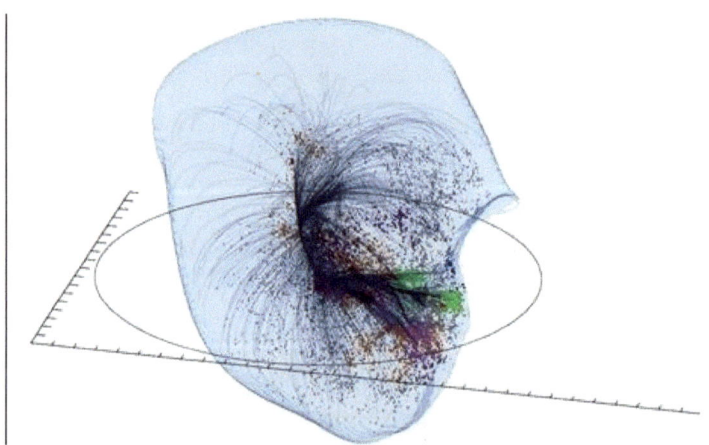

Esqueleto de Laniakea. *Imagen cortesía I. Max Planck y Obs. Hawái*

Juan en USA, pregunto casi de inmediato: "Si entendí bien, ¿quieres decir que todas las galaxias ya tienen un camino o ruta definida, marcado con las líneas negras y todas se dirigen al mismo lugar o centro de su gran región del universo?".

Andrés y Yuri asentaron. Andrés aclaro:" Bueno solo que el centro es en realidad una delgada zona muy larga en forma de hijo o súper cuerda, donde la mayoría de agujeros negros se estacionan en ella y se le unen o se unen entre ellos". Pero pronto alguien pregunto el ¿por qué?

Y Juan solicito la palabra: "Permítanme tratar de responder, hace solo unos días terminamos mi estudio sobre lo que puede ser el espacio-tiempo y como saben he utilizando los datos y resultados de su investigación desde hace tiempo. Por eso la respuesta es simple: -el espacio-tiempo se mueve a gran velocidad- y en el sentido de su propia curvatura.

En otras palabras la "tela" o el continuo espacio-tiempo no esta quieto, independientemente del hecho de que avance hacia el futuro en el tiempo.

En un par de días más les presentare mi estudio" y agrego, "y encontraremos la explicación". Andrés respondió: "si, coincidimos, el espacio-tiempo es arrastrado o estirado hacia el centro del gran esqueleto de cada súper cúmulo, quizás esa sea la casusa de la aceleración de la expansión ¿?".

Andrés y Yuri, también habían dedicado todo su estudio, al entendimiento de lo que realmente estaba sucediendo en el Universo. ¿Qué hacia moverse en una dirección a miles de millones de galaxias? Y ¿porqué los agujeros negros súper masivos pueden tragar, además de la energía de la radiación de fondo, el espacio-tiempo circundante o solo lo estiran el máximo que puedan?, y si así fuera, ¿porqué y cómo hacen esto? Y cientos de preguntas más.

La mayoría estaba tan sorprendida que no alcanzaba a comprender bien las respuestas e imágenes y tardaría algún tiempo en asimilar las conclusiones del estudio y más tiempo, para comprender a fondo sus implicaciones. Sin embargo, era un momento de gran emoción para todos, muchas felicitaciones para Andrés y para Yuri, brindis, música y ambiente de fiesta en cada lugar,

El logro y tanto esfuerzo de seguimiento y medición, sin olvidar, su gran dedicación y sorprendentes resultados y continúo discutiendo preguntas y puntos de vista y festejando hasta el amanecer y otros hasta el anochecer. Y muchos querían imaginar la hipótesis planteada de Andrés y Juan sobre, si un observador lograse alcanzar la velocidad de la luz también alcanzaría la velocidad de movimiento del espacio-tiempo desde el punto de vista geométrico del universo...¿?

Una de las posibles conclusiones era si una partícula se mueve a la velocidad de la luz, en ese momento "consume", por así decirlo, la mayor cantidad posible de espacio (300 mil km/s) y al viajar a la misma velocidad que las "partículas" o mejor dicho, las "ondas" de campo cerradas hasta la frecuencia de Planck como máximo e invisibles y que constituyen el tiempo-espacio.

En ese instante, el viajero y las partículas de tiempo ya no podrían atravesarlo e inundarlo con su veloz paso, pues al viajar a la misma velocidad que ellas, estaban como si se "congelaran" a su alrededor y dentro o incluso, mejor dicho aún, se movían ambos a la misma velocidad del espacio tiempo y por tanto, el tiempo se detenía totalmente para el viajero o consumía cero tiempo y en contraste, por así explicarlo, consumía la mayor cantidad de espacio (300,000 km cada segundo).

Todo el grupo, pero en especial Pedro y José, conocían las ecuaciones aplicadas y su desarrollo y parámetros y por supuesto Vladimir para poder programarlas o introducirlas en los "software" que desarrollo para el doctorado que realizaba en Rusia.

Además, la medición de átomos y sus frecuencias de vibración, les permitía medir las millonésimas de millonésimas de segundo o Zeptosegundo 10^{-21} s, recordando que un segundo es la duración de 9,192,631,770 oscilaciones de la radiación emitida en la transición, entre los dos niveles hipérfinos del estado fundamental del isótopo 133 del átomo de Cesio (Cs 133), a nivel del mar (con campo magnético cero).

Y el *Tiempo Planck* sea de 1 sp = 5,39106 x 10 $^{-44}$ s. (raíz de: (C *Dirac* x C *Gravitación*) / vel. de la Luz a la 5).

Pero aún faltaban varios elementos cruciales o básicos, que les permitiera obtener las respuestas y razones o causas. Y como desde hacia algunos años José y su familia habían construido, cerca de su pequeña casa, un "refugio" con 6 pequeñas cabañas tipo "dúplex" para visitantes, con los servicios básicos y muy cerca del bosque que rodea su pequeño observatorio. Pronto invita a todos a que viajen desde donde estén y festejar juntos la inauguración del pequeño refugio y trabajar todos en un mismo sitio a fin de agilizar la solución de las múltiples tareas pendientes.

La mayoría responde que al día siguiente salen para México, con excepción de Pedro en Australia, pues no puede dejar su puesto, pero solicitara vacaciones dentro de unos días más, para viajar al observatorio de José, ubicado cerca de la montaña "Las Animas" a 3,100 m de altura s.n.m.m. y el refugio a solo 2,550 m de altura casi a la altura de la Cd de México.

Cada uno se prepara para el viaje y comparte alimentos, festeja y se despide de familiares, amigos y compañeros en sus casas o en lugares de comida y al día siguiente la mayoría parte hacia América y los que están en el continente hacia México, y al llegar, internarse en la Sierra Madre occidental, hasta un lugar llamada *Lagunas de Zempoala* y cerca, como a 5 km, se encuentra el pequeño rancho o finca, con el refugio para visitantes, un salón comedor, cocina grande y almacén de vivieres.

Además cuenta con un salón de eventos suficientemente grande para albergar los equipos de computo y comunicación que cada uno utiliza en sus trabajos, de tal forma que podrán conectarse a sus institutos, laboratorios y observatorios sin problema, además de enlaces a sus bancos de datos o con colegas y amigos en tiempo real, pues el refugio cuenta con teléfonos satelitales, antenas parabólicas y planta de energía eléctrica.

Además de una instalación de tornillos o turbinas eólicas-solares que cubren todo el consumo eléctrico del refugio y de la pequeña finca, enfermería, gimnasio, *chalet* para descanso y otras comodidades.

Todo el refugio, las cabañas y el salón de eventos es de rustica y tradicional construcción, con puertas de madera antiguas rescatadas de hace mas de 80 años, cientos de macetas de todos tamaños y con todo tipo de plantas, en balcones, azoteas, pasillos y en el pequeño jardín central con una fuente, dentro de un estilo colonial antiguo y austero, pero muy acogedor y tranquilo.

Con gran emoción y alegría Roseta, José y sus padres, al igual que sus amigos y colaboradores del rancho, reciben a los viajeros y los instalan en sus pequeños departamentos o cabañas *dúplex*.

El bosque y sus montañas, el pequeño lago cercano, las dos hectáreas sembradas con maíz (sin modificación genética), los dos pequeños invernaderos con múltiples tipos de plantas comestibles y medicinales, el gallinero y sus corrales, varios caballos, tres vacas y una perrita muy lista y ágil llamada "Aria" (quien es tan curiosa y tenaz, que puede cuidar toda la finca) y por supuesto, el observatorio y equipo electrónico de José, llaman la atención y curiosidad de todos, haciéndoles sentir inmersos en la naturaleza y en su estudio.

Después de dos noches Julia ha traído desde Colombia casi todos sus equipos personales, pues no quiere que le pueda faltar nada y hoy, después del evento programado sobre la posible colisión de una estrella de neutrones con una gran nube de alcohol etílico en el espacio en la Vía Láctea, presentara sus resultados y conclusiones sobre las partículas fundamentales y como estas se organizan.

Todos se han reunido en el salón de eventos donde han preparado una gran pantalla para observar el enlace con los dos telescopios asignados en el espacio.

La gran nube de alcohol etílico es casi tan grande como la mitad del sistema solar y podría suministrar 150,000 lt diarios a cada humano durante 1,000 millones de años.

Es realmente descomunal su gran tamaño y sorprende a todos sus aparentes lentos movimientos en el espacio y su desconocido origen.

En unos minutos una estrella de neutrones color azul turquesa entrara en la zona de atracción gravitacional intensa y como la fuerza gravitacional es muy intensa en este tipo de estrellas, el espectáculo puede ser muy especial, a pesar de que solo tiene 19.8 km de diámetro pero con una masa de 4 x 10 a la 25 kg, lo cual le da una densidad media que se acerca a 9.666 billones de kg/m3.

Al acercase la estrella de neutrones por uno de sus extremos, la gran nube comienza a estirarse y a formar torbellinos gigantes que se dirigen frenéticamente hacia la estrella. Sin embargo, después de varias horas, la estrella continua su camino a gran velocidad y deja atrás a la gran nube, habiendo solo tomado unos pequeños tragos equivalentes al tamaño de Júpiter.

Todos están asombrados y brindan por el éxito de la observación con cerveza producida con agua del "pozo sagrado" localizado en el estado de Zacatecas.

Pero de pronto, Julia llama la atención de todos hacia las pantallas, pues la estrella de neutrones parece cambiar de color y todos se preguntan: ¿Qué es lo que le sucede?. Y Julia explica a todos que la estrella es muy densa y pequeña casi como nuestro planeta, le falto muy poco para convertirse en agujero negro pero solo logro convertirse en estrella de neutrones.

En ese momento, la estrella parece desestabilizarse aún más. Las imágenes muestran como se infla y contrae repetidamente mientras por sus intensos campos magnéticos suben chorros de plasma y caen en la superficie. J

Julia explica a todos: "posiblemente la neutronización se este revirtiendo o alterando de algún modo o quizás se genero alguna reacción interna" y deciden seguirla con un telescopio de Andrés en Chile y el de Pedro en el espacio para ver que le sucede en las próximos días.

Al llegar la noche, Julia presenta a todos sus resultados; "He comprobado el acomodo de tres grandes grupos (Leptones, Quarks y Campos) con 18 partículas o campos que conforman todo lo que vemos en el Universo, bueno corrijo, toda la materia y energía común o normal, al tiempo de proyectar la imagen que explica cada partícula o campo.

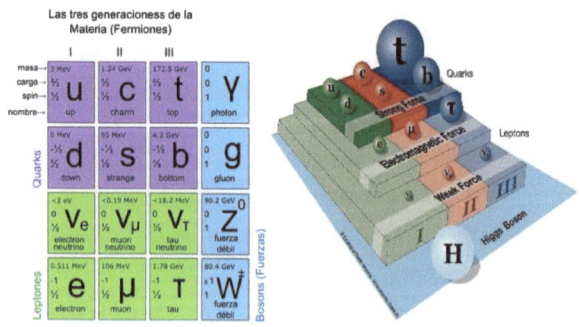

Todos saben de las partículas pero al visualizar como se acomodan o integran y forman la base para cada fuerza o interacción de la materia, comprenden por momentos la simple lógica de arquitectura del universo. Julia termina su exposición comentando una de sus conclusiones más importantes,

"Los resultados muestran al final que solo los Universos *sin agujeros negros* logran trascender su propia extinción. Aquellos con agujeros negros, al final sucumbirán o "rebotaran" sobre si mismos y todo rastro de su historia e información desaparecerá".

Pero al final agrego algo todavía mas sorprendente: "En nuestros estudios por casualidad nos topamos con un fenómeno poco conocido, pues hemos detectado que los electrones presentes en un átomo cualquiera, solo poden ascender de nivel energético en espacio curvo" por ejemplo dentro de una galaxia o dentro de un sistema estelar, pero no pueden fuera de las galaxias, donde el espacio y su curvatura es casi plana.

El siguiente esquema en pantalla cortesía del Instituto Max Planck muestra una lógica equivalente". Y todos iniciaron preguntas y comentarios durante toda la noche, sobre como comprobar lo dicho por Julia y las implicaciones de tal hipótesis.

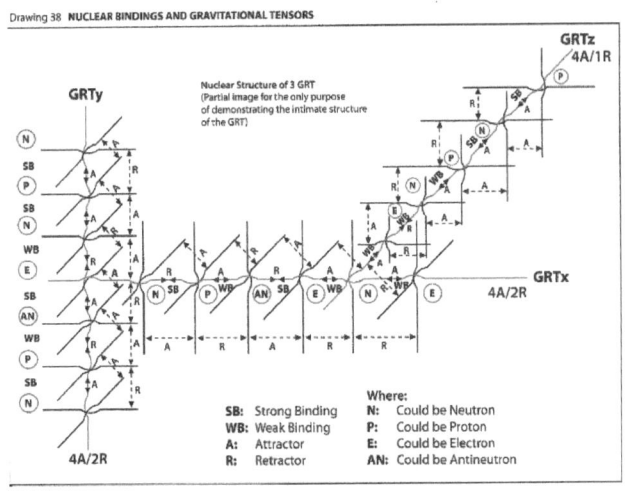

Drawing 38 NUCLEAR BINDINGS AND GRAVITATIONAL TENSORS

Al día siguiente, Martín estaba muy preocupado. Una parte de su estudio se había perdido en los archivos de las computadoras, y aún cuando tenia un respaldo, este no tenia todos los cambios efectuados, No obstante, con la ayuda del "cibernético", amigo de muchos años de José, de origen cubano y muy inteligente y alegre, responsable de toda la instalación y mantenimiento de todos los equipos en el refugio y rancho, después de mucho trabajo lograron restituir uno de los archivos daños y recuperar la información perdida casi al anochecer.

A las 9 pm, todos estaban ya reunidos en el salón esperando a Martín para su presentación de su estudio y conclusiones, pero en especial Juan, Pedro y José, pues sus estudios también dependían de las conclusiones que obtuviera.

Pronto, Martín inicio su presentación: "Quiero agradecer a todos por su gran apoyo y solidaridad, sin los cuales, no hubiese logrado este pequeño estudio, solo presentare una imagen a medida de conclusión o resultado de todo mi estudio, pero podrán consultar el anexo o informe detallado donde se explican todos los pormenores, parámetros y procedimientos aplicados" y cuando termino de decir estas palabras proyecto la siguiente imagen:

$$
\underbrace{W = \int_{k<\Lambda} [Dg][DA][D\psi][D\Phi]}_{\text{quantum mechanics}} \exp\left\{ i \int d^4x \sqrt{-g} \left[\underbrace{\frac{m_p^2}{2}R}_{\text{spacetime \ gravity}} \right.\right.
$$

$$
\left.\left. \underbrace{-\frac{1}{4}F^a_{\mu\nu}F^{a\mu\nu}}_{\text{other forces}} + \underbrace{i\bar{\psi}^i\gamma^\mu D_\mu\psi^i + \left(\bar{\psi}^i_L V_{ij}\Phi\psi^j_R + \text{h.c.}\right)}_{\text{matter}} - \underbrace{|D_\mu\Phi|^2 - V(\Phi)}_{\text{Higgs}} \right] \right\}
$$

Todos se sorprendieron pero más José, Juan y Pedro, pues la ecuación tenía una belleza y simpleza sorprendente, pero antes de que alguien lograra preguntar algo, Martín comento: "Para probarla hemos construido con ayuda de Vladimir, un programa para simular la creación o mejor dicho, la -generación de universos- en base a los parámetros introducidos.

Iniciaremos con la ecuación y las 18 partículas obtenidas por Julia para ver que pasa", al tiempo que apretaba una tecla y el programa iniciaba sus múltiples rutinas y algoritmos.

Todos mostraban gran curiosidad e interés, mientras las pantallas simulaban el *Big Bang* y las distintas eras del Universo a velocidad vertiginosa, pronto, se podían notar nubes de gas y después hilos de proto galaxias, para después formar cadenas de galaxias y cúmulos, mientras el universo se enfriaba hasta casi el cero absoluto.

Habían cocinado un universo de lo más caliente a lo más frio y sin quemarlo (con éxito). Y todos aplaudieron y felicitaron a Martín y ha Vladimir, pues ahora contaban no solo con la ecuación del Universo "oscilante", sino además, con un simulador para crear diferentes tipos de universos, con solo cambiar, poner o quitar un poco o un mucho de los parámetros iniciales.

Durante toda la noche y hasta media mañana pasaron discutiendo y simulando nuevos tipos de universos. Y el cibernético nombro a la ecuación la *"ecuación maestra del universo"* y todos se divirtieron al máximo posible, al descubrir que se podían tener varios tipos de universos.

En los días siguientes, José, Juan y Jorge, se reunían constantemente y trabajan arduamente en sus computadores, telescopios y notas y se enlazaban constantemente con Pedro en Australia. Los demás ayudaban cuando podían y preparaban la integración de todos los estudios y resultados a fin de contar con un panorama completo. Además, la *ecuación maestra del Universo oscilante y sin materia y energía oscura* de Martín y las *partículas fundamentales* de Julia, habían facilitado muchos cálculos.

Al final de la semana Juan y sus colegas invitaron a todos a su presentación de resultados, a las 9 pm hora local. La mayoría ya conocía mucho del trabajo de Juan pues ayudaban diariamente en algunas actividades.

No obstante, el resultado final solo lo conocía Juan y José por lo que todos estaban muy atentos a la cita y se preparaban para la gran reunión.

En la noche del 22 de diciembre, Juan dio la bienvenida a todos y agradeció toda la ayuda y compañerismo. El ya tenía hacia años su doctorado y era un investigador con reconocimiento en muchos países, contaba con varios libros y una gran cantidad de artículos publicados. Siempre formal y serio pero con mente joven, abierta y adaptable a cualquier situación. Por lo que era un ejemplo a seguir para todos en el grupo y muy estimado.

En las pantallas se proyecto una pequeña esferita un poco achatada en los polos y con vibración u oscilación interna. La simulación mostraba a un electrón girando unos 25 millones de veces por segundo, como comúnmente lo hace cualquier electrón en condiciones normales.

Juan comento: "Este trabajo hace que todo en el universo o todas las partículas, campos y fuerzas se derivan de un solo bloque de construcción única de 4 dimensiones visibles del espacio-tiempo y con 11 dimensiones en total. Unifica las propiedades macroscópicas de espacio-tiempo presentes en la Relatividad General (GR) y se combinan con las propiedades microscópicas del vacío presentes en la Mecánica Cuántica (QM) para darnos una descripción del campo llamado "Espacio-Tiempo" (ET)".

"En la escala microscópica, la *Energía de Punto Cero (ZPE)* se caracteriza como <Ondas en espacio-tiempo>, que tienen amplitudes de desplazamiento espacial de la *Longitud de Planck* y amplitudes de desplazamiento temporal del *Tiempo de Planck*".

"La "impedancia" del espacio-tiempo se obtiene también a partir de ecuaciones de ondas gravitacionales.

"Esta combinación de *amplitud e impedancia* permite que el campo espacio-tiempo y su energía pueda ser cuantificado y explicar las características de la energía de punto cero ZPE".

Este -mar de olas- de pequeña amplitud carece de momento angular y expone propiedades de un >súper fluido<. Cualquier momento angular que se origino en el Big Bang se <aíslo> en este súper fluido y provocó un ámbito de espacio-tiempo en unidades cuantificadas de ambas partículas o campos, H (bosones) o ½h (fermiones)". Este lugar, en donde se aisló, se conoce como el >Flujo Oscuro<".

"Las características del espacio-tiempo para <Fermiones> se describen con plenitud y después se someten a 8 pruebas. En nuestro modelo se muestra a los fermiones con el giro correcto y con la energía y la capacidad de aparecer como partículas puntuales en los experimentos realizados".

"Lo más importante del análisis, es que se derivan los dos primeros principios obtenidos sobre la curvatura del espacio-tiempo, una sola fuerza fundamental relativista, producida por la interacción del espacio-tiempo (energía de vacio o punto cero ZPE), con la energía visible o fermiones y por la fuerza gravitacional generada entre fermiones individuales.

"Esta nueva forma como la única fuerza fundamental del Universo, resulta derivada de una predicción de una desconocida relación entre las fuerzas gravitacionales y electromagnéticas".

"El modelo explica a una partícula fundamental (fermion) como una <distorsión> de la onda tipo dipolo en su <frenética rotación> dentro del campo espacio-tiempo".

"Esta <onda dipolo> en el espacio-tiempo se está propagando a la velocidad de la luz, pero se limita a un volumen esférico del tamaño de una longitud de onda de Planck".

"Donde la frecuencia de rotación es igual a la longitud de onda de la partícula entre la velocidad de la Luz(c) y el radio es igual a la energía de la onda de Planck /c por la longitud de onda".

"La interacción con el campo espacio-tiempo que lo rodea logra estabilizar esta rotación de la onda dipolo, pero esta interacción también produce una distorsión en el campo espacio-tiempo circundante".

"Esta distorsión tiene un efecto de primer orden que conocemos como un campo _eléctrico y magnético_ y un efecto de segundo orden que conocemos como _curva del espacio-tiempo_ o _fuerza de gravedad_. Y claro al romperse la esferita se libera la energía contenida Fuerza Fuerte".

(Figura: simulación de "_picogota_" de espacio-tiempo y un fermion. Cortesía de John M.)

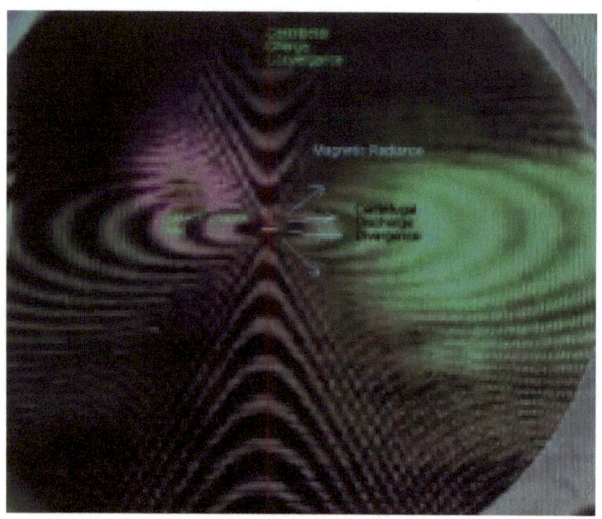

"Finalmente este concepto se sometió a 8 pruebas con fermiones. El modelo ha demostrado:

1) La correcta energía
2) El momento angular correcto de la clase H ½
3) La inercia correcta para una energía de la partícula dada
4) La partícula espacio-tiempo parece ser una partícula puntual en un experimento de colisión
5) El modelo crea también la correcta corrección de la curvatura débil de la gravedad del espacio-tiempo

6) La correcta magnitud de la fuerza gravitacional entre dos partículas y

7) Una fuerza equivalente a la electrostática o la fuerza que se exhibió, si ambas partículas poseían Carga de Planck. Finalmente,

8) El modelo hace una predicción que es fácil de verificar. Este análisis predijo que las fuerzas electromagnéticas y gravitatorias deben estar relacionadas por una simple diferencia de los exponentes. Las ecuaciones obtenidas muestran que esta predicción es correcta".

"Esta relación de exponentes entre estas fuerzas era hasta ahora desconocida. Todas estas pruebas apoyan la afirmación de que el espacio-tiempo de 4 dimensiones visibles y 11 en total, es el único bloque de construcción o componente responsable de todas las partículas, campos y fuerzas".

Todos se quedaron pensativos hasta que José inicio un tímido aplauso y provoco que los demás lo siguieran. Pero Jorge interrumpió y pregunto sobre si ¿el espacio es curvo por la materia?

Y Juan respondió: "Bueno, quizás requiere un pequeño cambio en el punto de vista acerca de lo que es una causa y lo que es un efecto.

La interpretación física estándar de la GR es que la materia hace que el espacio-tiempo se curve y se genere con esto una fuerza que llamamos gravedad.

La perspectiva inversa haría que el espacio-tiempo al expandirse se curva y hace que la materia exista. En esta perspectiva, el espacio-tiempo es el único campo responsable de todo lo que exista en el Universo, incluyendo la materia y la gravedad".

Pedro en Australia, pregunta por medio de la computadora: "Si, entonces ¿el espacio-tiempo son ondas esféricas hasta la frecuencia de Planck?

Juan agrega: "Si, es como un Mar o mejor dicho un gran Océano de pequeñas ondas elásticas dinámicas y que se curvan dando por resultado a todas las partículas y campos existentes" y se mueven a la velocidad de la luz, si no están cerca de un agujero negro, además son capaces de almacenar y transferir energía gravitacional, conocida como ondas gravitacionales debido a su capacidad elástica".

Y "este es un resultado fantástico. Pues por ejemplo, si tomamos la densidad de la *energía del punto cero* y la combinamos con la *amplitud de la deformación de una onda dipolo* en tiempo espacial. Resolviendo para obtener la <impedancia> obtuvimos c3 / G".

"Esta es la misma impedancia del espacio-tiempo medida en las *ondas gravitacionales* que se propagan a través del espacio-tiempo. Para mí, implica que las características de espacio-tiempo obtenidas a partir de la GR y de acuerdo con el modelo de la QM de que el espacio-tiempo esta lleno de *energía de punto cero* y la energía que exhibe, son correctas".

Kim aprovecha el asombro de todos y pregunta: "¿Este "océano" de *ondas dipolo* se mueve verdad? o ¿esta estático y todo lo demás es lo que se mueve? Y todos rieron, pues la mayoría imagino un marco rígido de espacio-tiempo donde solo las galaxias y estrellas estén en movimiento.

Juan respondió: "No, el espacio-tiempo u -Océano de Ondas Planck- esta en movimiento vertiginoso, tan rápido que no lo podemos ver solo sentir, además esta también en expansión, es decir, son dos visibles y otro no tanto, en realidad son tres movimientos los que efectúa,

1: se mueve internamente para crecer en tamaño o volumen y en todas direcciones (expansión).

2: hacia el futuro o "Flecha del tiempo" en una sola dirección. Y 3: las ondas o "partículas" de espacio-tiempo viajan a la velocidad de la luz en dirección a la curva que ellas formen más grande y que tengan a su alcance".

José agrega: "el modelo que presenta Juan sobre la transformación del espacio-tiempo ofrece una intrigante posibilidad. Obtener por medios matemáticos y de observación <la densidad de energía total del universo> (energía del vacío más energía observable) y determinar si detendrá su expansión, cuando y si se colapsará o no, pero esa fecha, si acaso existiera, solo se conocerá en el informe integral final".

Juan responde: "Si correcto, pues la energía total sigue siendo la misma durante toda la vida del Universo. En la actualidad la energía observable, representa sólo alrededor de 1 parte de 100 de la energía total en el universo. Como se explica en el informe, sólo podemos observar e interactuar con las ondas en el espacio-tiempo que poseen un momento angular cuantificable (fermiones y bosones).

Además, la fracción de la energía total que posee momento angular está disminuyendo diariamente por tantos agujeros negros súper masivos y la velocidad de cambio de $d\Gamma u / d\tau u$".

Martín aclara: "Si entiendo bien, lo que propones en el modelo de transformación del espacio-tiempo es que no se requiere la invención de la supuesta "energía oscura" para proporcionar la densidad crítica que falta"

Y Juan responde: "Si, Martín, así es, como lo mostro José en su presentación. No se necesita ninguna fuerza misteriosa con propiedades anti-gravedad que está causando la aparente o el <espejismo> de la aceleración de la expansión del Universo.

Cuando se mide la tasa de coordenadas de tiempo propuesto y se coordina la unidad de longitud, no hay aceleración de la expansión del Universo".

Yuri pregunta: "¿De qué manera las leyes de la física son las mismas, cuando si entendí bien, la velocidad del tiempo es diferente entre ubicaciones del Universo?.

Juan recuerda: "Si, buena pregunta. Es decir: ¿Porqué un diferente gradiente de tiempo no afecta a las leyes de la física? Es una simplificación excesiva. Imaginar que el cambio de la tasa de tiempo es similar a la ejecución de una película en cámara lenta mientras guardamos en la película las leyes de la física sin cambios.

José responde: "Esto no es sólo una cuestión académica. La gravedad produce una tasa del gradiente de tiempo y un gradiente de la velocidad de la luz. Por lo tanto, incluso en la Tierra y su gravedad, el simple hecho de levantar un objeto a una altura diferente significa que el objeto se mueve a un lugar donde hay una tasa diferente de tiempo y una diferente velocidad de la luz".

Vladimir ha generado el modelo en la computadora y lo proyecta en todas las pantallas del salón.

Juan explica: "Toda la energía que se requiere para formar nuestro universo actual (incluyendo la energía del vacío) estaría contenida en una pequeña esfera de espacio-tiempo Planck, alrededor de 15 × 10 a la -6 metros (~ 15 micrones) de radio.

Esta radio se calcula mediante la reducción de la distancia actual en nuestro horizonte (radio) de partículas (~ 46 mil millones luz años o 4 × 10 a la 26 m) por un factor de Γuo = 2,6 × 10 a la 31 m. Nuestro universo actual tiene Γuo ≈ 2,6 × 10 a la 31 m en consecuencia, se reduce en gran medida, tanto nuestro nivel actual de energía de vacio y la fracción de la energía en el universo que es "energía observable".

Y Jorge confirma: "Se calcula que el universo se extiende actualmente mucho más allá de nuestro horizonte de partículas actual.

Esta significa que el volumen original de Planck espacio-tiempo era mucho más grande que el radio de la esferita de solo 15 micras y su respectivo volumen esférico, necesario para formar todo (incluyendo la energía del vacío) dentro de nuestro actual horizonte de partículas".

Finalmente, después de analizar múltiples ecuaciones, cálculos y graficas, Juan concluye comentando: "Debemos recordar que nuestra percepción del volumen del universo, nos indica una continua y hasta acelerada expansión. Sin embargo, esto es el resultado de un aumento continúo en el fondo del universo".

"Esto es: lo que percibimos como la aceleración de la expansión, se debe más bien, a una aceleración de la tasa de cambio de dΓu / dτu. Relativa a la composición y la densidad de energía observable del universo".

Todos felicitaron a Juan y colegas y platicaron como era costumbre hasta el amanecer y festejaron los resultados obtenidos, sin embargo, pasarían varios días para que la mayoría pudiese comprender todas las ecuaciones e implicaciones.

En las siguientes noches todos se reunían para intercambiar sus avances de cada día, aún faltaban múltiples actividades para integrar toda la información y sintetizar las conclusiones: Todos aprovechaban descansos para salir al campo o al bosque o ayudar en las tares de la granja o incluso en la cocina comunitaria, que servía tres comidas cada día a todos los habitantes del refugio o pequeño rancho.

Los abuelos de José y sus padres habían logrado recuperar sus tierras después de la *Revolución mexicana* y siempre se habían dedicado a la agricultura y animales de granja. Hoy, ya eran de edad avanzada y solo dirigían algunas tareas.

Roseta que además era bióloga y ayudaba a coordinar casi todo, desde que tipo de semillas sembrar, hasta el cuidado de plantas en los invernaderos. Contratado a agricultores cercanos que ayudaran en la granja o en época de cosecha.

Pronto, tendrían su cosecha de *algas* productoras de *bio combustible* con un rendimiento de casi 100,000 lt por hectárea, cada cuatro meses (balance cero de CO_2 emitido a la atmosfera). Con solo una hectárea, lograban la autosuficiencia anual para todos los que vivían o trabajaban en el refugio o finca.

(Imágenes cortesía de *Fac. ciencias* UNAM).

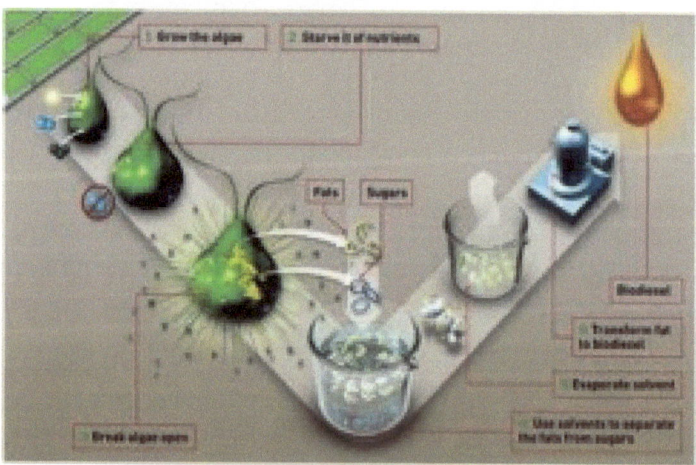

Y con los dos pequeños invernaderos podían ser autosuficientes en verduras y plantas medicinales, por lo que casi nadie compraba medicinas de patente para enfermedades o infecciones comunes.

Y como no existían refrescos embotellados, ni frituras o botanas sintéticas, ni golosinas toxicas o con conservadores y colores artificiales que comprar o consumir,

Casi todos tenían una alimentación sana y sin contaminación o insecticidas cancerígenos. Además, muy cerca estaba el gran bosque y reserva ecológica e incluso estanques para pescar truchas y otros peces y que permitían a todos, tener una vida plena llena de actividades y retos.

Al reunirse todos, como de costumbre en la noche, Pedro anuncia que ha terminado su estudio y proyecta en las pantallas del salón su informe. Alguien comenta: "Pensamos que seria hasta el próximo año, ha, ha" y casi todos se sorprenden, pues suponían que seria para largo".

Es noche "vieja" o víspera de año nuevo y han preparado toda clase de comida y aguas de frutas y licores para festejar. Pero antes de que inicié la presentación, irrumpe en el salón un oso, bueno, alguien con disfraz de oso dándoles un susto a casi todos. Alguien le pregunta ¿quien eres? Y al quitarse la cabeza de oso, resulta ser Pedro que ha logrado viajar desde Australia para estar con todos y festejar el nuevo año en América. Todos se sorprenden de nuevo y se apresuran a abrazarlo y darle la bienvenida.

Después de muchos brindis, platicas, cena de fin de año, se inundan de la media noche y lanzan cohetes de colores al cielo. Y así, sentados en los jardines del refugio y con la luz de la luna, le solicitan casi todos a Jorge, por favor continúe con su presentación. Jorge no ha parado de comer y de bailar, cuando no esta probando algún platillo, pues han preparado de todo y son más de 22 recetas diferentes, desde *romeritos*, "*moles*" de diferentes colores, *bacalao* noruego, *guajolote* asado y hasta *saltamontes* o *nopales* con tortilla, etc.

Pero casi todos discutían sobre la probabilidad de detectar vida en otros planetas y recordaban la ecuación de *Seager*:

$$N = E^* \times FQ \times FHZ \times FO \times FL \times FS, \text{ donde:}$$

N es el número de planetas con signos detectables de vida.

E* es el número de estrellas observadas.

FQ es la fracción de estrellas tranquilas.

FHZ es la porción de estrellas con planetas rocosos en la zona habitable.

FO es la parte de planetas que pueden observarse.

FL es la fracción de los planetas que tienen vida.

FS es la parte de esos planetas sobre los que la vida produce una marca detectable de gas.

Con sus resultados discutían como podrían calcular un nuevo factor a añadir a la ecuación de Seager, determinado por la probabilidad de que el planeta sobreviva suficiente tiempo como para permitir su existencia por al menso 500 millones de años o más.

También sabían la importancia de que el planeta contara con energía geoquímica o placas tectónicas y un núcleo con suficiente campo magnético como para durar al menos 1,000 millones de años.

Por supuesto, conocían ya el factor de tipos de estrellas que podrían albergar planetas sin dañarlos con fuertes emisiones de energía y plasma y permitir la fotosíntesis entre otros procesos, para la generación de Oxigeno, permitiendo con ello la vida y el fuego.

Como en muchas veces sucedía, Vladimir, quien conocía muy bien las ecuaciones agrego: "Bueno, pero en el caso de nuestra Luna, esta no se perderá, aún y cuando se aleja cada año 2.5 cm o más, en su lugar, va frenando por fricción gravitatoria, la rotación terrestre y alejándola de la Tierra.

Pero esta separación solo durara hasta que la Luna tarde 47 días en completar una órbita alrededor de nuestro planeta, momento en el cual nuestro planeta tardara 47 días en completar una rotación alrededor de su eje, es decir, girará a la misma velocidad a la que orbita la Luna.

En dicho momento, la Tierra y la Luna llegarán a un equilibrio y la Luna dejaría de alejarse.

Sin embargo, al convertirse nuestra estrella en una gigante roja dentro de varios miles de millones de años, la proximidad de su superficie al sistema Tierra-Luna cambiara la órbita lunar y esta se cerrara hasta que la Luna esté a alrededor de 18.000 kilómetros de la Tierra -el límite de Roche-, momento en el cual la gravedad terrestre destruirá la Luna convirtiéndola en unos anillos similares a los de Saturno.

Por tanto la ecuación de vida debe contener la necesidad de contar con una luna o satélite suficientemente grande para regular la rotación e inclinación del planeta anfitrión y quizás hasta otro ajuste o calculo de la presencia de un planeta gigante gaseoso que absorba los impactos sin lanzar un montón de desechos al espacio en cada suceso y que proteja a pequeños planetas interiores de posibles choques de asteroides y cometas durante al menso 250 millones de años.

Por fin al notar que Jorge se muestra un poco impaciente por mostrar sus resultados, todos lo invitan a iniciar su exposición y Jorge acepta gustoso y le pide ayuda al cibernético y a Vladímir para poder proyectar en la pared del refugio.

El cibernético cuenta con un equipo construido por él, que puede simular objetos en tercera dimensión y lo instala a las computadoras de Vladimir y proyectores, pues requiere de varios en cada lado del escenario o pared de proyección.

Jorge con fuerte dosis de entusiasmo comenta a todos: "El mejor año nuevo a todos, los quiero mucho y sin ustedes estaría en un *Pub* con cerveza caliente".

Todos festejan y aplauden o incluso gritan varias –hurras-. Jorge, tratando en vano de estar muy serio continua: "Como les mostrare a continuación, mi investigación y conclusión es muy pero muy concisa je, je, y no les quitare más que unas cuantas ondas planck, je, je, digo minutos.

El Universo es un >Toroide< je, je."

Y logro guardo unos segundos de expectante silencio.

Todos se miraron intentando recordar la imagen de un "*Toroide*", pero con la fiesta, tanta comida y bebida y observando la Vía láctea en el cielo, nadie parecía entender a que se refería y terminaron riendo.

Y Jorge replico: "Si hermanos, el Universo es solo un <toroide> y además, es una fabrica de estos, desde la escala cuántica, hasta galaxias y cúmulos galácticos." En ese momento, inicio la proyección en 3d desde el principio del Universo y hasta su final.

Jorge con algunas interrupciones, explica como la energía seguía un camino (la tela del Universo o espacio-tiempo incluido), desde un pequeño punto central y se expandía hacia el polo norte de si misma, para después ir girando poco a poco hasta invertir su dirección totalmente e iniciar el mismo recorrido, pero con su continuo giro poco a poco, y al final logra regresar al mismo lugar de donde partió y quizás repetir el ciclo.

En seguida, Jorge explico, que en su viaje, la energía se ve obligada a moverse en forma de espirales crecientes en el periodo de expansión y decrecientes en el parido de contracción, siguiendo al número "Phi" (1:618...) y no en línea recta, debido a la curvatura del espacio-tiempo sobre si mismo.

Tal como una curva cerrada, que hace que el Universo nazca en un punto, viaje o exista en su expansión y después en su contracción, hasta regresar al punto donde partió, pero con la peculiar característica de que nunca <salió> algo fuera de el".

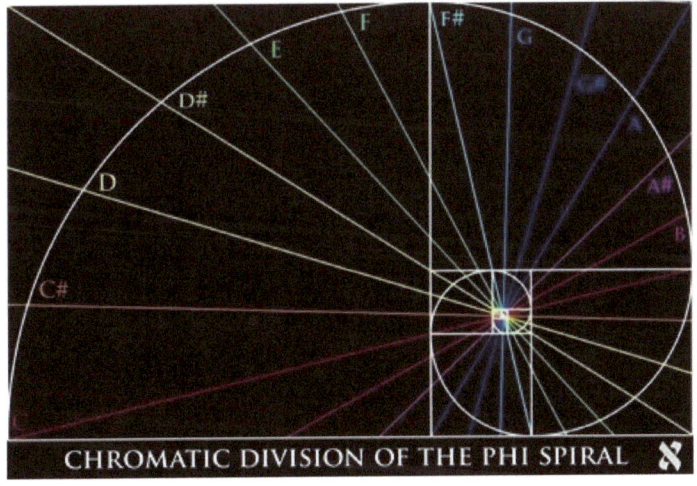

CHROMATIC DIVISION OF THE PHI SPIRAL

"En otras palabras, todo el crecimiento y contracción sucede dentro del propio Universo y lo que este afuera, si acaso existiera algo afuera, nunca se daría cuenta, ni observaría el punto creciendo o contrayéndose, sin importar el tamaño que logre alanzar, pues estas dos actividades se <realizan solo> dentro del Universo".

La mayoría quedaron congelados de asombro e incredulidad, habían discutido el tema tantas veces, que no podían creer lo que estaban viendo y escuchando.

En la pantalla se proyectaba el Universo a partir del Big Bang, su expansión, la razón de su aparente aceleración, la dirección de la energía total (E de vacio + E visible), la curvatura del sustrato (espacio-tiempo), la contracción y el reinicio hasta un nuevo Big Bang o -*Gran Rebote del Universo*- *sobre si mismo*.

Todos felicitaron y abrazaron a Jorge y colegas que participaron en su estudio y continuaron hasta el amanecer, comentando, discutiendo y festejando el nuevo año.

José recordó a todos a manera de broma, Bueno recordemos que datos de *Chandra, XMM-Newton* de la ESA y el satélite japonés *Suzaku* para establecer límites en la temperatura, extensión y masa del halo de gas caliente que rodea a casi todas las Galaxias conocidas, que *Chandra* observó ocho brillantes fuentes de rayos X situadas mucho más allá de la galaxia a distancias de cientos de millones de años luz.

Los datos revelaron que los rayos X de estas fuentes distantes son absorbidos selectivamente por iones de oxígeno en las proximidades de la Galaxia.

La naturaleza de la absorción permitió determinar que la temperatura del halo absorbente está entre 1 millón y 2,5 millones de Kelvin.

Otros estudios han demostrado que la Vía Láctea y otras galaxias están embebidas en gas caliente, con temperaturas entre 100.000 y un millón de grados, y ha habido indicios de que un componente más caliente con una temperatura superior a un millón de grados también está presente. Esta nueva investigación proporciona evidencia de que la masa en el halo de gas caliente que envuelve la Vía Láctea es mucho mayor que la del gas caliente.

José, informo a todos sobre la cita en la tarde noche para continuar con los resultados finales. Sino, se presentaba algún problema u obstáculo importante.

Quizás, por no haber dormido y ser el primer día del año, algunos sugirieron cambiar la hora para la noche del día siguiente y acordaron las 9 pm del 2 de enero.

Y como era costumbre casi todos salían a disfrutar de la salida del Sol cada mañana, aún en días nublados, pues el bosque a su alrededor y el aire fresco y limpio era casi como una fantasía o un sueño vivido de naturaleza.

Pero cuando se dirigían al mirador o *solárium* como lo nombraban, sonó una de las alarmas de las computadoras, señalando una posible *supernova* o algo así. Casi todos corrieron al salón a mirar lo que sucedía. Pronto, los telescopios buscaban o enfocaban la zona indicada del evento detectado.

Para su sorpresa era la -estrella de neutrones- que estaban siguiendo, después de su encuentro con la gran nube de alcohol etílico. Había iniciado al parecer un proceso de desestabilización nuclear y se expandía y contraía como si quisiera explotar.

Con la ayuda de Andrés y Pedro, José logro enfocar directamente a la estrella y con los filtrados especiales de imagen, obtener el contraste adecuado para poder mirar la superficie sin el alto brillo del −Magnetar− (estrella de neutrones dinamo).

La imagen era espectacular y se veía perfectamente en la pantalla grande del salón. Incluso se lograba apreciar el movimiento o mejor dicho el resplandor ráfaga producido por su veloz giro sobre su eje. En otras pantallas se proyectaba la imagen en rayos X y era posible ver los fuertes campos magnéticos generados de increíble fuerza.

Durante su existencia había sido solo un −Púlsar− debido a que como -Estrella de Neutrones- en su nacimiento, no logro girar lo suficientemente rápido durante un corto lapso de tiempo para generar el efecto "dinamo".

En unos instantes, su giro se había acelerado lo suficiente como para convertirse en un –Magnetar- pues su campo magnético se mostraba cada minuto lo suficientemente poderoso como para que disipe una cantidad significativamente enorme de energía magnética, durante un periodo aproximado de unos diez mil años.

Pero algo de muy alta gravedad le esta sucediendo, pareciera que la *neutronización* se revirtiera o quizás se convertiría en agujero negro, casi imposible pues requiere mucho más masa para eso, (pero nunca se sabe...).

Después de casi una hora de estar maravillados con las sorprendentes imágenes que recibían, la estrella empezó a mostrar un cambio rápido de color de azul-blanco a verdoso-blanco y sin ningún aviso, en un instante explota con una gran energía, iluminando todo la imagen con un blanco brillante puro.

Después de unos segundos, las imágenes paulatinamente se fueron oscureciendo hasta dejar ver una gran nube de energía y restos viajando a velocidades increíbles.

José y los demás solicitaban datos y cálculos en sus computadores y obtener toda la serie de espectrofotometría del evento, además de análisis en *ultravioleta, infrarrojo, ondas gravitacionales, rayos x y gamma, radio*, etc.

José llamo la atención de todos y proyecto la imagen de análisis espectral de composición de la gran nube que viajaba por el espacio y sus temperaturas.

Nadie podía creer lo que observaba, parecía como si fuera una lluvia de polvo cósmico a granel, con un brillo y luminosidad que seria visto en todo el universo. Al analizar los espectros, se encontró que una gran parte de todo ese polvo cósmico era –Oro- recién formado. José afirmó: "Recordar que los átomos de nuestros cuerpos y de toda la vida se formaron en el Universo hace mucho tiempo, como lo muestra la figura":

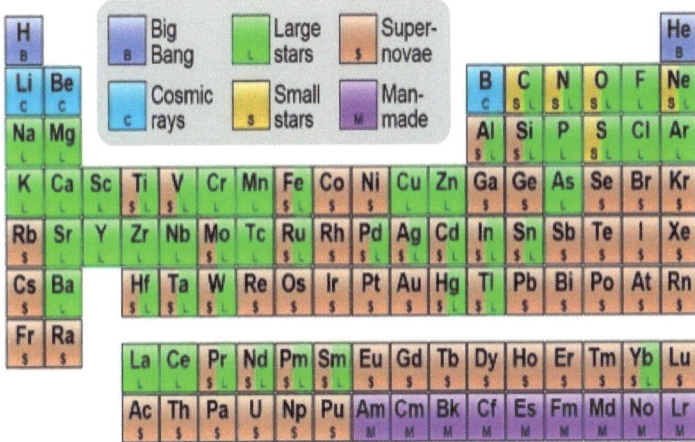

Todos se felicitaron y abrazaron con fuerza y mucha alegría, pues habían sido testigos de la formación del –oro- y como se distribuye al azar por toda la galaxia, hasta que algunos restos llegan de alguna forma a un Sistema estelar y a sus planetas como la Tierra. Alguien pregunto si el oro de la tierra también se creo de esa forma y José respondió: "podría ser, pero lo más probable es, cuando dos estrellas de neutrones chocan producen grandes cantidades de oro y otros metales que ni siquiera en las supernovas de grandes estrellas se pueden fabricar".

Ya en la noche, todos se dirigieron al salón de eventos para escuchar el informe de Pedro, para presentar sus resultados: "Con mi agradecimiento a todos ustedes, seré lo más breve posible. Como saben ustedes, mi estudio busca responder de manera inequívoca o contundente la hipótesis de si es posible el -viaje en el tiempo- (al pasado o al futuro) y la respuesta, pueda ser valida en cualquier parte del universo y durante todo el tiempo de su existencia.

Existen muchos enfoques para encontrar una respuesta, pero quizás el mejor de todos sea el que comentare a continuación":

"Las ecuaciones de la física parecen ser reversibles en el tiempo. A excepción de aquellas contenidas por la –entropía- o termodinámica y sin considerar las reacciones químicas, Parece como si fuera posible ir al pasado.

Sin embargo, si el fondo del Universo está en constante crecimiento y toda la materia es la conversión de la energía de vacío, no es posible ir hacia un pasado o un futuro que ya no existen.

Por ejemplo, ayer todos los fotones en el universo tenían más energía de la que poseen hoy. También, "ayer" afecta a muchas otras cosas, como las unidades de fuerza, velocidad, tensión, etc. A pesar de que las leyes de la física son las mismas hoy y ayer, todos los componentes del "maquillaje" del universo son diferentes".

Por lo tanto, el Universo está experimentando una transformación y esto hace que la -flecha del tiempo- tenga solo un único flujo de dirección denominado -hacia el futuro-".

En síntesis: ¿Viajar al pasado? = Simple: ya no existe el pasado, por tanto es imposible en todo el Universo ¿y al futuro? tampoco, pues también, aún no existe. (Ver imagen= pico gota del Mar de Ondas Planck o "espacio-tiempo")...

Segunda razón de más de 88 del porque <no se puede viajar al pasado o al futuro> es la 2da Ley de la termodinámica >Entropía< Proceso ----NO reversible---

"El tercer enfoque, se basa en analizar si una partícula puede "salir" del Universo <actual> y "entrar", por así decirlo, en el Universo de "ayer" (si es que este existiera aún), sin modificar al menos dos aspectos: 1, el balance total de energía del Universo y 2, la expansión del espacio-tiempo".

La respuesta es –no-, ya que la energía total del Universo no cambia en el tiempo, como demostró Juan en su investigación".

"El cuarto argumento, se refiere a que todo viaja o se mueve a gran velocidad por el espacio-tiempo, por ejemplo nuestro planeta no solo gira a 1,666 km por hora, o no solo viaja alrededor del Sol a más de 96,000 km/hr, o nuestro Sol y todo el Sistema viaja a más de 76,000 km/hr, sino que también, toda la galaxia gira a más de 750,000 km/hr y además se mueve hacia arriba y adelante a más de 2.1 millones de km/hr. Y con el Grupo Local a alcanza los 2.8 mkm/hr".

"Por supuesto aún faltaría sumar la velocidad en que viaja el cúmulo local de galaxias hacia el -Gran Atractor- y quizás la velocidad de este hacia el -Gran Muro-.

En otras palabras, para viajar por ejemplo un año al pasado y solo considerando donde estaba el Planeta Tierra y su Sistema solar (descartando la velocidad de la galaxia y su movimiento en todo ese año), habría que trasladarse instantáneamente más de 840,960,000 km hacia atrás, pues es donde físicamente estaba la Tierra en el pasado".

Quinta razón del porque no se puede viajar al pasado o futuro: Si una partícula quisiera viajar al pasado, se encontraría con que el espacio que quiere usar ya esta ocupado por otra o por ella misma y no cabria ya en todo el Universo pues la energía total de este <<siempre ha sido la misma y no cambia>> para no generar un des balance que quizás hasta lo destruya en un instante.

La presentación continuo con más razones del porque no se podía viajar al pasado o al futuro pues eran validadas para ambas situaciones. Al final todos aplaudieron y con muchas felicitaciones, festejaron y discutieron hasta el amanecer. Y se prepararon para la última noche en el refugio, pues la mayoría regresaría a su lugar de origen.

En la siguiente noche todos se reunieron a las 9 pm en el salón para escuchar a José y el término de la integración de los estudios de cada uno.

Kim pregunto sobre que galaxias de las 51 pertenecientes al Grupo Local pertenecían o eran satélites de nuestra galaxia ¿? Y Roseta proyecto en las pantallas la imagen de las 51, con la Vía Láctea y Andrómeda como las principales y dominantes de todas, incluyendo los halos de polvo cósmico y bosones y mares de sub partículas intergalácticas:

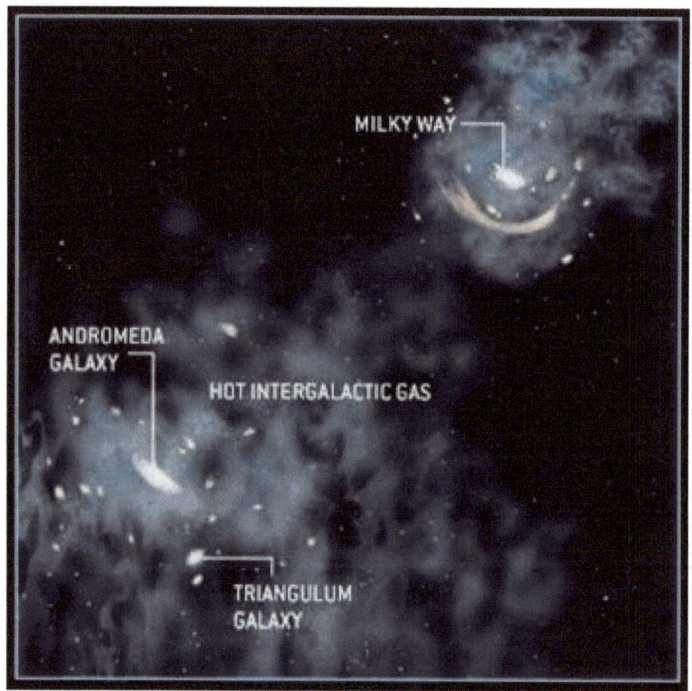

Martín respondió: "El Grupo Local esta compuesto por 51 galaxias que se desplazan como un todo en el Universo y reviste especial importancia poder desentrañar nuestro entorno galáctico: el conjunto de galaxias enanas esferoidales (dSph), torrentes de estrellas, nubes de alta velocidad (HVC) y velocidad intermedia (IVC) que acompañan a la Vía Láctea".

Y Yuri continuo: "Hasta el momento se han descubierto 21 galaxias enanas esferoidales (dSph) que en unión con las Nubes Mayor y Menor de Magallanes, conforman las 23 galaxias que se encuentran asociadas gravitatoriamente con la nuestra. El sistema completo de satélites que posee la Vía Láctea, en orden de distancia, es el siguiente":

1. Galaxia enana de Sagitario (Sag DEG).
2. Nube Mayor de Magallanes.
3. Nube menor de Magallanes.
4. Galaxia enana de Can Mayor.
5. Galaxia enana de Osa Menor.
6. Galaxia enana de Dragón.
7. Galaxia enana de Carina.
8. Galaxia enana de Sextante.
9. Galaxia enana de Escultor.
10. Galaxia enana de Horno Químico (Fornax).
11. Galaxia Leo I.
12. Galaxia Leo II.
13. Galaxia enana de Tucán.
14. Galaxia enana de Osa Mayor.
15. Galaxia enana de Hércules.
16. Galaxia enana de Canes Venatici I.
17. Galaxia enana de Canes Venatici II.
18. Galaxia enana de Boötes.
19. Galaxia enana de Coma Berenices.
20. Galaxia Leo IV
21. Galaxia enana Ursa Major II.
22. Galaxia enana Leo T (todavía no se ha demostrado su condición de satélite de la Vía Láctea).
23. Galaxia enana Segue 1

"Además debemos considerar que nuestra galaxia es el resultado de al menos 16 uniones o choques con otras más pequeñas y son las siguientes":

1. **Corriente de Arturo**. Descubierta en 1971. Su origen se debe a la acreción de una galaxia enana. Compuesta por estrellas viejas con grandes deficiencias de elementos pesados.

2. **Corriente de Magallanes**. Descubierta en 1972. Su origen se debe a las Nubes de Magallanes. Se extiende por un millón de años-luz, su masa se estima en 200 millones de masas solares. Se encuentra compuesta fundamentalmente por gas hidrógeno.

3. **Corriente de Sagitario**. Descubierta en 1994. Su origen se debe a la galaxia enana elíptica de Sagitario. Se extiende por un millón de años-luz y su masa se estima en 100 millones de masas solares. Se encuentra compuesta por una gran variedad de estrellas.

4. **Corriente de Helmi**. Descubierta en 1999. Su origen se debe a la asimilación de una galaxia enana. Esta corriente completa varias vueltas a nuestra galaxia. Su masa se estima entre 10 a 100 millones de masas solares. Se encuentra compuesta por estrellas viejas con deficiencias de elementos pesados.

5. **Corriente de Palomar**. Descubierta en 2001. Su origen se debe al cúmulo globular Palomar 5. Se extiende unos 30.000 años-luz. Su masa se estima en unas 5.000 masas solares. Se encuentra compuesta por estrellas viejas.

6. **Corriente de Virgo**. Descubierta en 2001 por la Dra. Katherina Vivas, desde el Observatorio nacional de Llano del hato, Mérida, Venezuela. Su origen se debe a la asimilación de una galaxia enana. Se extiende por unos 30.000 años-luz.

7. **El anillo de Monoceros** (Unicornio). Descubierta en 2002, su origen se debe a la absorción de la galaxia enana del Can Mayor (Canis Major). Se extiende por unos 200.000 años-luz y su masa se estima en 100 millones de masas solares. Está constituida por estrellas de edad intermedia.

8. **Corriente del anticentro**. Descubierta en el 2006, su origen se debe a la absorción de una galaxia enana. Se extiende por unos 30.000 años-luz y se encuentra compuesta por estrellas viejas.

9. **Corriente del NGC5466**. Descubierta en el 2006, su origen se debe al cúmulo globular NGC 5466. Se extiende por unos 60.000 años-luz, su masa está estimada en 10.000 veces la masa solar. Se encuentra constituida por estrellas muy viejas.

10. **Corriente Huérfana**. Descubierta en 2006, su origen es la galaxia enana Ursa Major II. Se extiende por unos 20.000 años-luz, su masa se estima en 100.000 masas solares. Está compuesta por estrellas viejas.

11. **Corriente Acheron**. Descubierta en 2007, su origen es un cúmulo globular.

12. **Corriente Cocytus**. Descubierta en 2007, su origen es un cúmulo globular.

13. **Corriente Lethe**. Descubierta en 2007, su origen es un cúmulo globular.

14. **Corriente Styx**. Descubierta en 2007, su origen es la absorción de una galaxia enana.

15. **Corriente Bootes** III. Descubierta en 2007, su origen es la absorción de una galaxia enana.

16. **Corriente de Acuario**. Descubierta en 2010, su origen se debe a la absorción de una galaxia enana. Se extiende por unos 30.000 años-luz. Se encuentra compuesta por estrellas viejas.

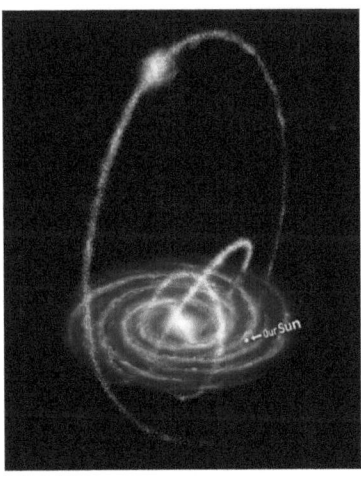

En esos momentos, sin esperarlo inicio una sonora alarma de sismo. Sorprendidos casi todos, se preguntaban que sucedía, y José llamo a todos a la zona segura en caso de terremotos. "Solo tenemos unos 15 a 30 segundos antes de que inicio" grito a todos.

Pronto se escucho un ruido lejano y la tierra empezó a moverse: Todos en el refugio trataban de protegerse y de alcanzar la zona de seguridad. La magnitud del sismo alcanzo los 6.9 grados y duro solo 2.5 minutos. Los daños materiales eran menores y solo dos resultaron son alguna herida menor al ser golpeados por algunas tejas que se desprendieron de las orillas de los techos. Y fueron conducidos a la pequeña enfermería para ser atendidos.

Mientras tanto José y algunos fueron a ver los daños sufridos por la estructura del telescopio, antenas, sub estación eléctrica y los demás verifican las instalaciones de gas y otras dentro del refugio.

El tanque elevado de agua, con capacidad e mas de diez mil litros, tenia daños en una de las columnas de soporte y parecía que se caería hacia su lado derecho, destruyendo parte de la sub estación eléctrica y posiblemente inundando parte de la sección habitacional y laboratorio y tal vez hasta derrumbaría el pequeño invernadero.

Al ver el gran riesgo que corrían, José solicito a todos alejarse de las áreas en riesgo. Con la ayuda de compañeros, fueron al laboratorio y con varias sustancias que mezclaron, lograron fabricaron un par de pequeños sacos con "Termita" que ardería a mas de 2,500 C y cortaría o derretiría las columnas de metal que soportaban al gran tanque elevado, para hacerlo caer hacia donde no causara mayores daños.

Después de cuidados cálculos, lograron encender las mechas y corrieron lo más lejos para protegerse. El gran tanque, después de las pequeñas explosiones, doblo sus soportes y se derrumbó hacia el lado opuesto de las instalaciones del refugio con gran estruendo y generando un flujo de agua que corrió montaña abajo derrumbando arboles hasta alcanzar la laguna de Zempoala, cercana ala refugio, y sin causar mayores daños.

Todos tenia mucho trabajo y reparaciones y después de varios días de correcciones en todo el refugio, incluyendo un nuevo tanque de agua elevado pero con columnas y refuerzos transversales para evitar que de nuevo se derrumbara.

Recordaron la importancia de contar con un "infierno gigante" en el centro de nuestro planeta. Sin el y su campo magnético, la mayoría de la vida moriría en solo unas pocas semanas. Su núcleo a más de seis mil grados K casi igual a la temperatura del la superficie del Sol y girando para generar el dinamo y su campo magnético que permitió y protege la existencia de la vida.

Comentaban que sin este campo magnético, la vida desaparecería rápidamente y quizás solo aquellos organismos resistentes a la radiación o que se alimentan de ella sobrevivirían.

Discutían sobre la intensidad, dirección y ubicación de los campos magnéticos y cinturones de concentración magnética conocidos como cinturones de Van Allen que protegían como una gran barrera e rayos cósmicos y tormentas solares. No obstante, la computadora mostraba el decaimiento del campo magnético de la Tierra un 10% o más en casi un siglo.

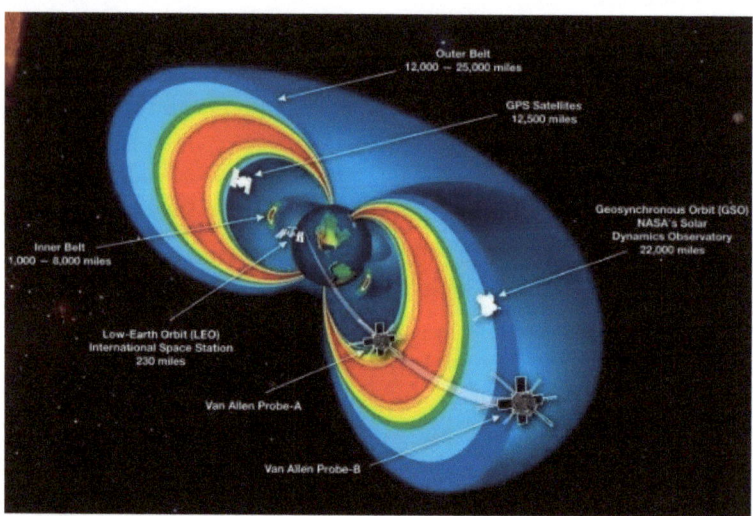

En la reunión nocturna, todos estaban mirando sus pantallas o monitores, pues al momento del sismo (9:59 am) hora local, La Tierra logra su máxima velocidad de traslación a 110,700.66 kilómetros por hora.

La Tierra y el Sol distarán entonces -en este preciso momento- a 147,1 millones de kilómetros; unos cinco millones de kilómetros menos que en su posición más alejada, que tiene lugar a principios de julio y se denomina afelio.

Esta "cercanía" al Sol acarrea una serie de consecuencias. El Sol presentará su máximo diámetro aparente visto desde la Tierra; y ésta por su parte alcanzará la máxima velocidad en su órbita ya que se desplazará a 30.75 kilómetros por segundo (es decir, a 110,700 kilómetros por hora).

Esta "máxima velocidad" representa 2 kilómetros por segundo más rápido que en el punto de su órbita más alejado del Sol y 7,164 kilómetros por hora más rápido, ambas cifras comparadas con el afelio. Fuera de estos fenómenos, la Tierra se mueve comúnmente a 107,280 kilómetros por hora.

El trabajo de varios años de todos en sus dispositivos y micro fuentes de adelgazamiento de la curvatura local de espacio-tiempo generada por el planeta, por fin podría ser probado esa noche, y aún cuando solo tenía un par de metros de diámetro, podía cargar más de 500 kg en su centro.

El descubrimiento y dispositivo, era muy simple, pues solo devolvía la curvatura un poco o menos del 10% lo cual permita "flotar" para describirlo en el aire, controlando el asenso y descenso vertical con la intensidad del rebote de la curvatura local y la diferenciación pequeña en los extremos permita el avance o retroceso horizontal del gran "plato sopero" como le llamaban.

Pero lo mejor del dispositivo era que utilizaba como fuente de energía primaria la propia deformación o curvatura del espacio-tiempo generada por la Tierra y obtenida al intentar deformarla hacia el sentido contrario de su atracción.

El experimento solo logro "levitar" unos diez minutos y con una altura de 10 metros, antes de precipitarse lentamente a tierra, al terminarse sus micro fuentes de generación de anti curvatura o *"escudo anti gravitón"*, como los denominaron. Pues eran de materiales de desechos de computadoras y otros aparatos y no tenían la resistencia física para soportar el fluido de "gravitones" como los llamaban a los campos o subpartículas que se generan al repelar o deformar la curvatura del espacio-tiempo local.

José y todos se felicitaron y festejaron hasta el amanecer y se comprometieron para lograr conseguir mejores materiales e insumos para construir un mini móvil para dos ocupantes y que sus componentes resistieran al menso mil horas de "vuelo" a un máximo de elevación de 10 metros sobre la superficie del planeta.

Y además se prometieron regalar las patentes a todos los gobiernos del mundo. Pues todos coincidían en defenderse de los ataques de la Criatura de la Isla JK que dominaba a todo el planeta Tierra.

A la mañana siguiente, después del desayuno, todos fueron al observatorio, pues los resultados de la cantidad de energía disponible y potencial del planeta habían sido resumidos después de muchos intentos.

Los resultados se mostraron en todas las pantallas del refugios y monitores:

Planeta Tierra inundado al máximo posible con siete tipos de energía:

En la Tierra, están disponibles, al menos, siete tipos de energía, renovables, limpios o sin daño a la naturaleza, casi infinitas en términos de consumo humano y totalmente gratuitas para toda la especie humana actual y futura (sin importar su número) y para consumo residencial e industrial-comercial-educativo.

Es probable que cada civilización en el Universo coincida con zonas de muy alta disponibilidad de energía.

Tal como ocurre con el planeta Tierra y donde además, alejados del centro galáctico y zonas de alta actividad cósmica, pueda existir la suficiente tranquilidad por más de mil millones de años o unos cuatro o cinco giros a la galaxia como la Vía Láctea y de esta forma no le falte nada a cualquier civilización que pudiese existir, invalidando así, la necesidad de luchar contra otros por los recursos.

1, Hidráulica, 2, Marina (ondas y corrientes), 3, Geotermia, 4, Solar, 5, Eólica, 6 Biomasa y 7 Infrarroja del Planeta.

Martín comento: "Por ejemplo: con solo la energía geotérmica, donde el planeta genera más de 16,000 Zj al año y de los cuales están disponibles unos 2,000 Zj cada año sin riesgos mayores, y dado que la humanidad entera no supera los 0.6 Zj al año, es suficiente para suministrar a todos la energía para los próximos 2,000 años o más ya que es renovable.

Más (por ejemplo) la energía de Ondas de la superficie del Mar y de algunas de sus corrientes submarinas, con solo una extensión equivalente a la Ciudad de México, pero en el Mar, es suficiente para suministrar toda la energía eléctrica de la humanidad actual.

Más (por ejemplo) la energía eólica, con solo una extensión equivalente a tres estados de USA, en zonas especiales del mundo, se podría suministrar toda la energía eléctrica de la humanidad actual.

Y sin considerar toda la energía hidráulica, solar, biomasa e infrarroja disponibles que en conjunto también pueden satisfacer a toda la humanidad. Inundando al Planeta de energía limpia, renovable y casi infinita para todos. (Solo que los dueños de centrales nucleares no quieren que nos enteremos).

Julia respondió: Por supuesto, no se considera para nada a la energía nuclear sucia (fisión) por ser la más costosa y sumamente peligrosa para la vida del planeta. Y lo más importante: NO se requiere para nada. Además, en algún futuro cercano será posible quizás la "fusión" en frio o energía nuclear limpia o no radiactiva. Adicionalmente desde hace miles de años se tiene algas productores de bio combustible con rendimientos de hasta 140,000 lt por hectárea, tres veces por año, en lugares donde no sea posible la existencia de bosques o agricultura, con balance casi cero de CO_2 y que solo requieren luz solar y unos 3 lt de agua x lt de bio combustible".

Kim agrego: "Balance casi cero de CO_2 = Dichas algas atrapan el CO_2 actual y cuando son quemadas lo regresan con un saldo neto menor al 2%. Debido principalmente a la producción del envase de vidrio y anaquel donde se crían, muy diferente al petróleo y sus derivados que liberan al quemarse el CO_2 que atraparon hace millones de años".

"Es importante señalar que al contar con energía casi infinita gratuita y limpia, también es posible contar con agua para toda la humanidad suficiente y gratuita también. Y con esto incrementar la producción de alimentos a muy bajo costo y precio para lograr erradicar el hambre y la enfermedad en el mundo de acuerdo a informes de: MIT, Max Planck, UNAM y otros".

Los informes, graficas, estadísticas y fotografías terminaron con una frase que a todos sorprendió y ha otros asombro.

<<<Adiós al Cambio climático y al calentamiento Global adverso>>>

Cuando preguntaron al computador por más información, este desplego lo siguiente:

Como detener y hasta revertir el Cambio Climático y Calentamiento Global Adversos (CC CG) en planetas como la Tierra y con civilizaciones grado = 0 ¡!!.

Al contar con los 7 tipos de energías limpias o sin daño a la naturaleza, renovables, casi infinitas y gratis para todos más el Bio combustible de algas, señaladas en el ART 023ª ya publicado, es posible con la aplicación de la Ciencia y la tecnología detener y hasta revertir CC y CG adversos con solo una acción más de entre muchas posibles.

Es posible que para algunos pueda parecer costosa, pero es sumamente económica si se tiene la información correcta.

Por ejemplo de entre muchos:

Detener y revertir el Cambio Climático adverso a niveles de 1850 o pre industriales o 280 ppm de CO_2 atmosférico:

Con solo el 10% de la inversión en por ejemplo: "zapatillas de la clase elite dominante mundial (CEDM) durante los últimos 10 años es en promedio = 300 millones CEDM, 150 millones mujeres menos niñas y adultos mayores = 100 millones.

Promedio anual de compra de zapatos = 10 pares al año x precio promedio = $50 dlls = $500 x 100,000,000 de mujeres = $50,000,000,000 x 10 años = $500,000,000,000 o 500 mil millones de dlls.

Sume cosméticos, perfumes, ropa, electrónicos, yates, aviones, mansiones, piscinas, teléfonos, computadoras, autos, llantas, muebles, viajes, islas, fabricas, edificios, etc. de los últimos 10 años, pues su diseño, producción y distribución generan una gran cantidad de contaminantes y CO_2.

Una de las muchas acciones que detiene y revierte el CC + CG en solo 30 años a niveles de 1850 o preindustriales solo cuesta <<<el 10 % de la inversión en zapatillas de la CEDM>>>.

Una de las posibles acciones es recolectar el CO_2 principal agente del calentamiento y actualmente mayor a 400 ppm cuando el máximo es de 350 y en 1850 era casi de 280.

Cada "Árbol sintético" patentado, recolecta el CO_2 de 1,000 autos cada día, como solo existen unos 680 millones de autos (solo menos del 5% de población mundial tiene auto) = 680,000 arboles mas recolectar el CO_2 en la atmosfera durante 30 años = 320,000 arboles. Gran Total = 1,000,000 arboles sintéticos. X $20,000 dlls = $20,000,000,000 dlls más instalación, mantenimiento 20 años y manejo CO_2 recolectado = $50,000,000,000 dlls .

Por tanto, con solo el 10% de la inversión en zapatillas de CEDM durante los últimos 10 años, se detendría hasta se iniciaría el re-vertimiento del CC y CG.

Scrubbing the air

Scientists theorize that fields of large filtering towers could be used to remove CO_2 from the atmosphere to reduce global warming.

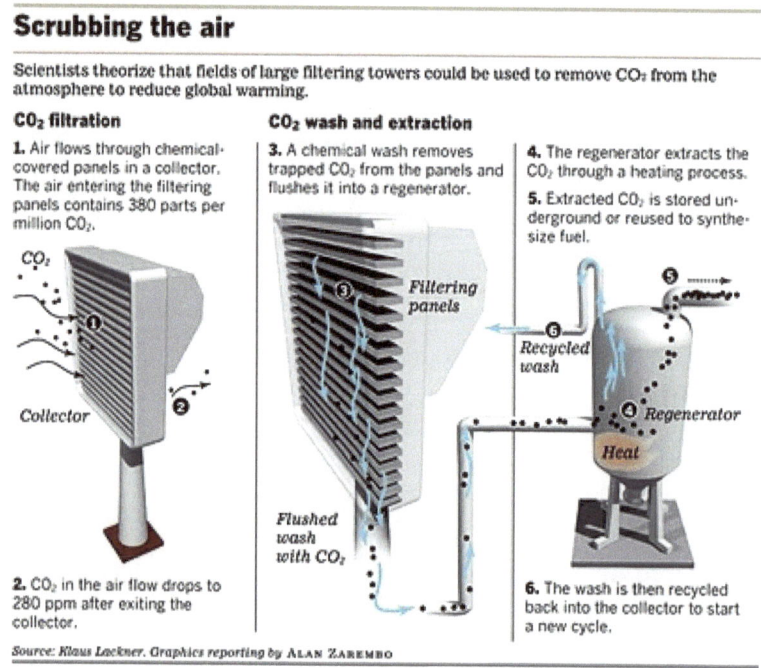

CO_2 filtration

1. Air flows through chemical-covered panels in a collector. The air entering the filtering panels contains 380 parts per million CO_2.

CO_2

Collector

2. CO_2 in the air flow drops to 280 ppm after exiting the collector.

CO_2 wash and extraction

3. A chemical wash removes trapped CO_2 from the panels and flushes it into a regenerator.

Filtering panels

Flushed wash with CO_2

4. The regenerator extracts the CO_2 through a heating process.

5. Extracted CO_2 is stored underground or reused to synthesize fuel.

Recycled wash

Regenerator

Heat

6. The wash is then recycled back into the collector to start a new cycle.

Source: *Klaus Lackner. Graphics reporting by* ALAN ZAREMBO

LORENA IÑIGUEZ *Los Angeles Times*

Al final de la reunión todos se comprometieron a difundir por todos los medios posibles, sus resultados obtenidos, aún en contra de corporaciones dedicadas a la obtención de energía "sucia" o de animales muertos fosilizados. Y continuaron con otro importante hallazgo. No sin antes felicitarse todos y festejar con una comida al aire libre.

Afuera del refugio una gran tormenta se acercaba. Sus gigantescas nubes ya dejaban caer grandes cantidades de lluvia y todos se preparaban para los fuertes vientos, resguardando todo lo posible.

Sin embargo, el grupo continuaba recibiendo información de todo tipo, hasta que la computadora desplego un informe especial de SETI (Búsqueda de vida extraterrestre).

En el explicaban los tipos probables de civilizaciones que se podrían detectar en la Galaxia y quizás en el Grupo Local.

"SETI: Tipos (grados) de civilizaciones en todo el Universo: (En función directa al nivel científico y energético):

Grado 0 = civilizaciones que se alimentan de seres vivos muertos y obtienen su energía "sucia" de seres vivos muertos fosilizados.

Grado 1 = civilizaciones que producen sus proteínicas sintéticas para alimento y obtienen energía "limpia", de 7 tipos renovable, y casi infinita y gratis para todos los hogares.

Grado 2 = civilizaciones que ya no requieren de alimentos orgánicos pero obtienen su energía de su estrella y vecinas.

Grado 3 = igual a anterior pero obtiene su energía de muchas estrellas y

Grado 4 pueden vivir millones de años y obtiene su energía de varias o muchas galaxias."

Andrés, comento: Bueno, solo recordar:

"La idea popular, fomentada por las tiras cómicas y las formas más >>ordinarias<< de ciencia ficción, de que las máquinas inteligentes deben ser entes malévolos hostiles hacia el hombre, es tan absurda que difícilmente vale la pena desperdiciar energía en refutarla. Casi estoy tentado a argumentar que sólo las máquinas no-inteligentes pueden ser malévolas. Aquellos que se imaginan a las máquinas como enemigos activos solamente están proyectando su propia agresividad. <<< !!! Entre más inteligencia, mayor es el grado de cooperatividad".

Arthur C. Clark

Y Roseta respondió, "Bueno quizás dependa de los múltiples tipos de lluvia potenciales en cada planeta o satélite (Luna) e incluso en cada exoplaneta existente" y las pantallas proyectaron:

Pero la gran tormenta inicio su torrencial descarga sobre todo el Sur y centro del país, al chocar dos huracanes de frente, uno proveniente del Golfo de México y otro del Océano pacifico. Todos se preparaban para resistir la fuerte lluvia y vientos de casi 80 km/hr con rachas de hasta 100 km/hr.

Para los que no estaban acostumbrados o habían experimentado este tipo de tormentas, sentían un hueco en el estomago, inseguridad ante un deslave o inundación repentina, pero a otros les irritaban los grandes relámpagos y el sonido del fuerte viento o de arboles y troncos rompiéndose. Pero José animaba a todos y bromeaba, es solo agua, imagínense que estamos en Venus o Titán"

Ya por la mañana, después de la gran tormenta, aún cuando los daños eran muchos, los telescopios, sistemas de computo y energía eléctrica y agua potable seguían funcionando sin mayores dificultada des.

Todos se sentían felices de haber sobrevivido, pues sufrieron horas de angustia e impotencia cuando las lagunas amenazaron con desbordarse durante la noche, pero por gran suerte el rio logro desalojar y canalizar la mayor cantidad e agua.

Ya en la noche, seguía la lluvia pero poca y sin vientos fuertes y todos ya reunidos, recibieron los datos de sus telescopios con gran emoción, pues mostraban, que nuestra Galaxia, al igual que casi todas, cuenta con un halo protector de partículas a una temperatura de entre 1 y 2.5 millones de grados K. con una masa aproximada de entre 2 y 4 veces la masa de la Vía Láctea.

Por lo que es una formidable barrera para cualquiera que quiera entrar a nuestra galaxia o salir de ella, y alguien bromeo "solo que los de Hollywood no se han enterado".

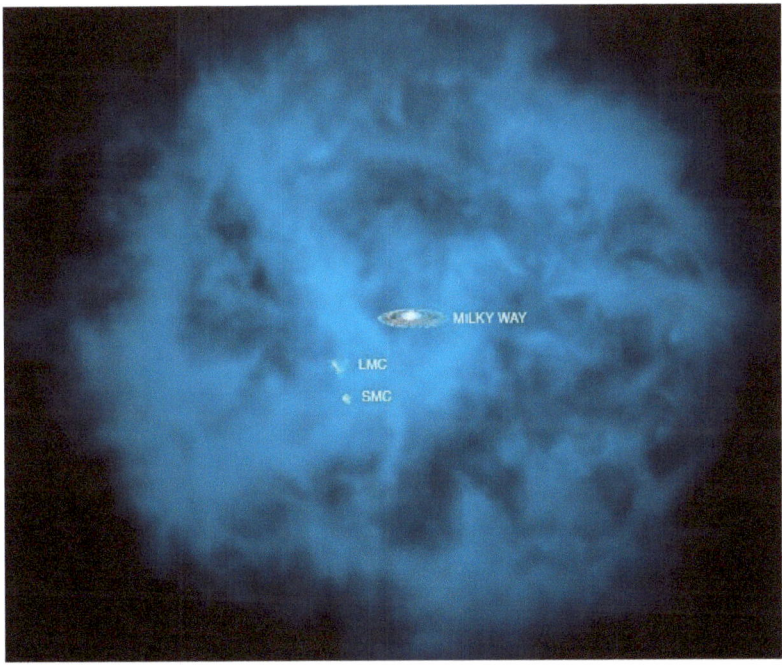

Todos estaban asombrados, pues no seria fácil atravesar el halo que rodea a la galaxia. Y discutían sobre si la Materia Oscura (MO) puede consistir de *bosones* de masa de alrededor de 1 eV o menos a una temperatura crítica. Superando la temperatura del universo en todo momento, y por lo tanto habría formado un Condensado de Bose-Einstein en épocas muy tempranas.

También se mostraba que la función de onda de este condensado a través del potencial cuántico que produce, da lugar a una constante cosmológica que puede obtener el correcto contenido de Energía Oscura (EO) del Universo. Argumentaron algunos sobre la existencia de los *gravitones* o *axiones masivos* como los mejores candidatos viables para ser sus constituyentes.

En ese momento se interrumpió los sistemas de cómputo y se enlazo el Dr Faizal (Astrofísico y amigo del grupo) y les comento con cierta ansiedad y urgencia:

"solo se enuncia una generalización del principio de incertidumbre, aplicado a la ecuación de una función de onda que describe a todo el Universo denominada (Wheeler-DeWitt).

Con esta función de onda, el factor de escala mínimo no queda bien determinado, como el momento y la velocidad de la función de onda de una partícula cualquiera en el Universo, al aplicarle el principio de incertidumbre, por lo que surge un Universo con un factor de escala mínimo, pero lo mas importante es que surge al fin, de forma equivalente a las partículas que surgen en el universo por el mismo principio y cambia sutilmente un "paradigma" de la ciencia, al iniciar el Universo con un <<<cierto tamaño>>>, esto elimina la singularidad del Big Bang,

Hasta ahora todos los cosmólogos asumían que el universo empezó en un punto, sin nada de espacio-tiempo o radio cero (por desconocimiento y facilidad).

Y por tanto el Universo solo puede nacer o iniciar con un factor de escala mínimo diferente a cero o no nulo y con ello se ha generado una puerta en la cosmología".

José comento "Este es un resultado o una hipótesis crucial en nuestro estudio sobre como el Universo nació y se formo. Pues al final nos permitiría estimar cuantos grandes "rebotes" o reinicios ha tenido el Universo. Quizás desde el primer quark y hasta nuestros días".

Dentro de un proceso de expansión y contracción repetitiva, pero que en cada ocasión, lograba aumentar su masa o sus átomos o finalmente sus agujeros negros, hasta alcanzar grandes súper masivos agujeros negros, que logren, en la unión final de los últimos existentes, fusionarse y generar en cada nueva oportunidad un mayor y más duradero Big Bang.

Roseta interrumpió y comento a todos, "Hace algunos años tuve la oportunidad estudiar los resultados de David Gross, quien como saben, descubrió qué es lo que hace que los átomos se mantengan unidos y por ello ganó el premio Nobel de Física de 2004".

"La culpable, es la <libertad asintótica>, una fuerza de atracción que actúa en el mundo microscópico de los quarks (los ladrillos indivisibles de la materia) y es contraria al sentido común: crece con la distancia, como el amor de dos personas que se echan de menos cuando están separadas y no se aguantan cuando están juntas".

Y agrego: "Recordemos por ejemplo nuestro Sistema Solar y el sentido de giro, inclinación y ángulo de eje y hasta dirección del Campo magnético de los principales Planetas. Por supuesto sabemos desde niños que el polo sur magnético de la Tierra esta en el polo norte geográfico"

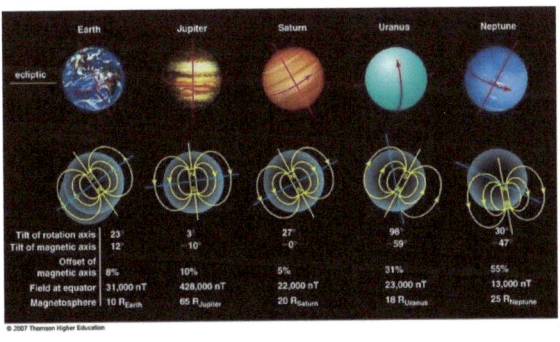

Todos analizaron con mucho cuidado, cada planeta y el comportamiento de su campo magnético y Andrés llamo la atención de todos y afirmo con mucha seguridad: "Además de los electrones, quarks arriba y quarks abajo que forman los átomos (y por tanto toda la materia que vemos a nuestro alrededor), existen otras partículas elementales que no están siempre o casi siempre adentro de los átomos".

"Un ejemplo son los muones, partículas que son casi idénticas a los electrones, excepto por 2 cosas: son unas 200 veces más pesados, y de la mano de eso, son mucho menos duraderos".

"Un electrón dura para siempre porque no tiene a quien dejar en su lugar, sin violar las reglas que prohíben que cambie la cantidad total de energía y de carga eléctrica. Un muón, en cambio, sí puede desaparecer y dejar en su lugar a un electrón, un neutrino y un antineutrino".

"Y como por *ley de Murphy*, dado que puede ocurrir, entonces ocurre. Los muones desaparecen (decaen) en promedio después de 2 millonésimas de segundo. Con esto queda claro ya, por qué no hay átomos, sillas o personas hechas de muones".

Todos aceptaron pero Roseta agrego: "A pesar de ello, los muones todo el tiempo están a tu alrededor, pues te llueven del cielo después de ser creados en o por los choques de partículas en las capas superiores de la atmósfera. Estos choques se producen cuando alcanzan la atmósfera de la Tierra partículas que vienen desde el espacio y que llamamos "rayos cósmicos" y son principalmente protones".

José respondió: "Con detectores de partículas que muestra el rastro de chispas dejado por un muón al caer del cielo, podemos comprobar que cada segundo e incluso cuando estás bajo techo, atraviesan nuestro cuerpo unos 30 muones". Por tanto tenemos la obtención de muones y su estudio como una nueva Física, con tres fronteras, que van más allá del modelo estándar".

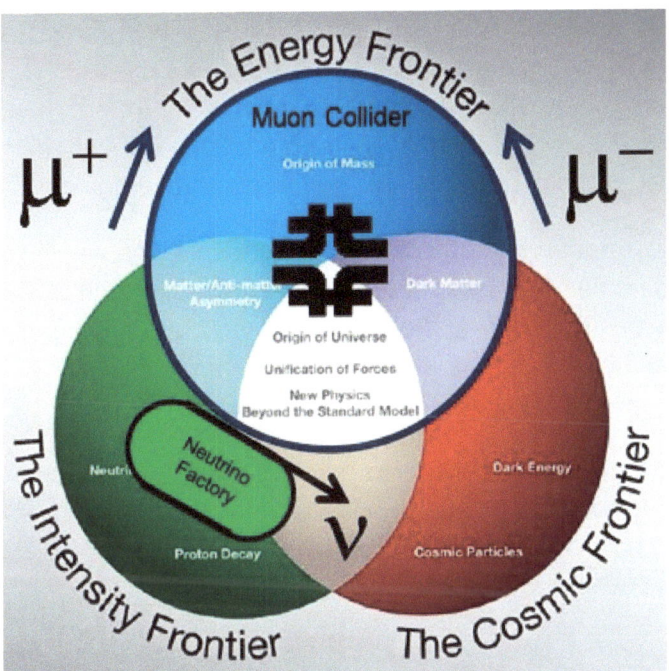

Andrés destaco: "Aunque los muones se producen en una variedad de procesos de alta energía y decaimientos de partículas elementales, µSR requiere muones de baja energía que se detendrán en las muestras que están siendo estudiadas. Además, los muones de baja energía están disponibles en las intensidades requeridas sólo a partir de la descomposición ordinaria de pión de dos cuerpos".

"Por lo tanto, antes de hacer una fuente de muones, uno debe hacer piones. Los Piones se producen en número suficiente de colisiones de protones de alta energía (> 500 MeV) con los núcleos de un objetivo intermedio. Por lo utilizaremos mucha electricidad en los laboratorios del refugio".

Si, por supuesto respondió José y agrego: "Un elemento ligero tal como el Carbono o el Berilio, serán los que podemos utilizar para el objetivo primario, con el fin de maximizar la producción de piónes, al tiempo que se minimiza la dispersión múltiple del haz de protones".

"Muy bien" comento Andrés y agrego: "Los piones cargados que se producen viven sólo unas 26,000 millonésimas de segundo y luego se descomponen en un neutrino de muón y un muón antineutrino". Esto explica como interactúa la energía básica del universo al estar dentro del espacio-tiempo o Mar de Ondas Planck".

Todos se quedaron atónicos, como concentrados en el fundo del Universo hasta que alguien confirmo y comento: "¿Por qué funciona μSR, en el detector?. Esto es posible gracias a las propiedades únicas de los decaimientos del pión y el muón:

"En primer lugar, los muones superficiales están perfectamente polarizados, y por si fuera poco esto, están en polarización opuesta a sus impulsos, por lo que cuando un muón es transportado por la línea del haz para detenerse en la muestra que se estudia, llega casi al 100% girando polarizado".

"Esta es una mejora significativa en otras sondas de resonancia magnética, como los métodos de resonancia magnética nuclear (RMN) y de resonancia de spin de electrones (ESR), que deben basarse en la polarización del spin de equilibrio térmico en un campo magnético o en campos magnéticos fuertes".

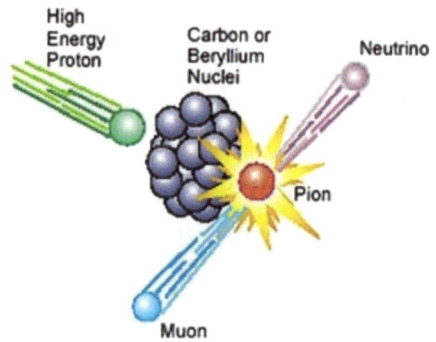

"En segundo lugar, cuando el muón se desintegra, emite un positrón de decaimiento rápido (electrón) preferentemente en la dirección de su giro. Desde un único positrón de desintegración no podemos estar seguros de la dirección en la que el giro del muón está apuntando en la muestra.

Sin embargo, midiendo la distribución anisotrópica de los positrones de desintegración de un grupo de muones depositados en las mismas condiciones, se puede determinar la dirección media estadística de la polarización del spin del conjunto de muones".

Y Roseta afirmo: "Toda la razón, pues la evolución en el tiempo de la polarización de los muones depende sensiblemente de la distribución espacial y de las fluctuaciones dinámicas del entorno magnético de los muones".

Y alguien pregunto sobre el modelo de generación de sub partículas, y la computadora proyecto la siguiente imagen, donde la base de todas es el Boson (Campo) de Higgs.

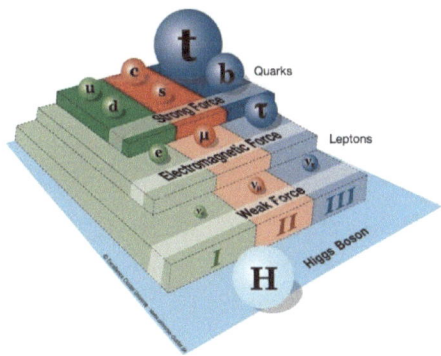

Y clasificadas en

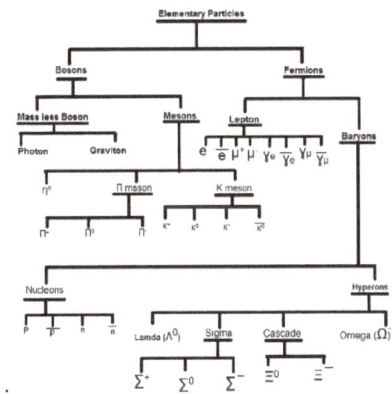

Antes de que puedan continuar con sus análisis, reciben una comunicación urgente de sus colegas del Observatorio Gamma Ray. High Altitude Water Cherenkov (HAWC) HAWC construido en una de las laderas del volcán Sierra Negra, cerca de Puebla, México.

Como se encuentra a una altura de aproximadamente 4100 metros sobre el nivel del mar. HAWC es usado para realizar un estudio general del cielo en las energías entre 100 GeV y 100 TeV. Pues tiene 300 tanques de agua con detectores que observan la radiación Cherenkov que se crea debido a las partículas de la cascada que producen los rayos gamma y donde es posible estudiar la parte más energética del espectro electromagnético, incluyendo rayos gamma, las partículas más energéticas que son absorbidas por la atmósfera, pero al interaccionar produce cascadas de otras partículas y radiación que también son de alta energía y al detectarse mediante su paso por tanques de agua producen radiación que permiten identificarlos.

Como también tiene la capacidad de detectar los rayos cósmicos (que son partículas), pues producen el mismo efecto aunque es distinguible uno del otro. Han logrado identificar tres tipos de movimiento de agujeros negros y envían la figura que se proyecta en todos los monitores y pantallas: Agujeros Negros: Sentido de giro y tamaño de horizonte o limite:

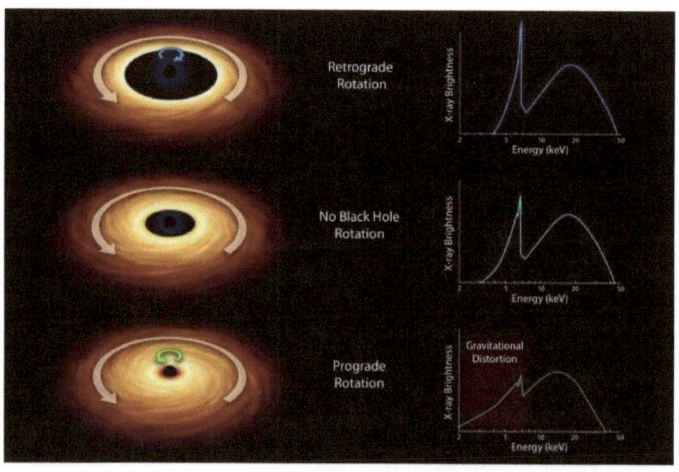

Adicionalmente reciben la información detallada del gran Telescopio Milimétrico (GTM). Ubicado en Sierra Negra, una montaña en el estado de Puebla, muy cerca del Pico de Orizaba, México. Donde se instaló el GTM, con una gran antena de 50 metros que observa las ondas milimétricas y la mayor en su tipo a nivel mundial hasta hoy.

Como es un telescopio de plato único y movible, diseñado para hacer observaciones astronómicas en longitudes de onda de 0.85 - 4mm. Este proyecto binacional entre México y los Estados Unidos de América representa el instrumento científico más grande y complejo construido en México a una altitud de 4600 metros.

Además, cuentan con los resultados obtenidos por el telescopio espacial Gaia, con más de mil millones de estrellas y otros cuerpos, lo que representan el 1% de estos "organismos" en nuestra galaxia. Situada en el Punto L2 desde 2013 donde y precisamente el punto L2 es aquel en que el período orbital es igual al de la Tierra

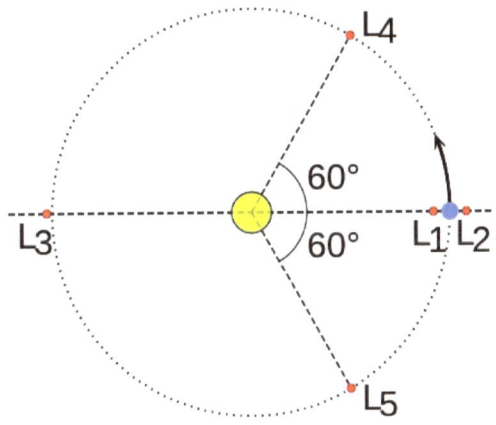

El punto L2 del sistema Sol-Tierra es un buen punto para los observatorios espaciales, porque un objeto alrededor de L2 mantendrá la misma orientación con respecto al Sol y la Tierra, y la calibración y blindaje son más sencillos.

Y como habían logrado después de muchas reuniones, tener acceso a los resultados y observaciones registradas por el telescopio espacial Wilkinson Microwave Anisotropy Probe (WMAP), así como al Observatorio Espacial Herschel y que ya se encuentran en órbita alrededor del punto L2 del sistema. Y además le enviaban las observaciones del Telescopio Espacial James Webb, también situado en el punto L2.

Tenía ya un gran catálogo de aproximadamente mil millones de estrellas hasta magnitud 20 y más de mil millones de galaxias y sus cúmulos galácticos respectivos. Logrando determinar las posiciones, distancias y movimientos propios anuales de las estrellas y galaxias, con una precisión de unos 20 μas (microsegundos de arco) a magnitud 15, y 200 μas a magnitud 20; medidas Fotométricas, obteniendo observaciones en multicolor y multiépoca de cada objeto detectado; y medidas de Velocidad Radial.

Con ayuda de amigos dedicados a la computación tenían por fin en la noche un gran mapa tridimensional de las estrellas de la Vía Láctea y otro de Laniakea y supercúmulos galácticos cercanos extremadamente preciso.

También obtendrían un mapa especial de sus movimientos y el cual proporciona múltiples pistas sobre el origen y evolución de la Vía Láctea y los súper cúmulos.

Las medidas fotométricas proveerán las propiedades físicas detalladas de cada estrella observada, caracterizando su luminosidad, temperatura, gravitación y la composición en elementos químicos principales.

Así, con este masivo censo estelar y galáctico, hoy en la noche, quizás logren obtener las conclusiones de todos los datos observacionales básicos registrados, para obtener los resultados de su investigación e incluso poder abordar un amplio abanico de problemas importantes, relacionados con el origen, estructura, y evolución e historia de la Galaxia y el Universo.

En las siguientes horas todo era preparativos y gran emoción de todos y José recordó que gran parte de las conclusiones dependía de los cuásares, galaxias, planetas extrasolares y de cuerpos del sistema solar y que se registraron sus mediciones simultáneamente, logrando monitorear cada una de sus estrellas fuente, alrededor de 70 veces en los últimos 3 años, precisando sus posiciones, distancias, movimientos y cambios en luminosidad.

Andrés, conocía muchos de los resultados ya obtenidos y su principal preocupación se concentraba en un cosa o mejor dicho en una constante. Y solicito a todos discutir primero esa variable. Todos aceptaron y Roseta comento:

"La constante cosmológica corresponde, en el contexto de la relatividad general, a un fluido con densidad de energía constante y presión negativa".

Si, respondió José y continuo describiendo: "Ese fluido, como tal, tiene propiedades muy extrañas. Según la segunda ley de la termodinámica, si un fluido con densidad de energía constante se expande ($dV > 0$) de forma adiabática ($dS = 0$), su energía total aumenta ($dU > 0$), por lo que necesariamente responderá con una presión negativa, $p = -dU/dV < 0$, que hará que el fluido se expanda aún más, sin que su densidad de energía se diluya, ya que es constante".

Andrés interrumpió y enfatizo en la importancia de esa presión negativa y agrego: "es la responsable, de que puntos separados por una cierta distancia en el espacio-tiempo, se alejen cada vez más rápidamente y por tanto hablemos de una expansión acelerada del universo".

José respondió: Si, totalmente de acuerdo, además recordar que se suele asociar con una "repulsión" gravitacional y es un concepto exclusivamente relativista" y agrego:

"en la teoría de Newton la presión no gravita"

y todos no lograron evitar las risas.

Andrés respondió: "Es muy importante señalar que se trata del "estiramiento" del propio espacio-tiempo, localmente las partículas satisfacen las leyes de la relatividad especial y no se mueven nunca más rápidamente que la luz".

"Si observáramos objetos lejanos en el espacio-tiempo, habría un momento en que dejaríamos de verlos pues el estiramiento del espacio impediría que hasta la luz que emiten nos pudiera llegar. Y este es nuestro horizonte de sucesos del Universo visible, un concepto análogo al de horizonte de un agujero negro".

En esos instantes los primeros resultados se visualizan en las pantallas del refugio, y Roseta selecciona uno de muchos:

Estrellas: Evolución y tipos de Estrellas

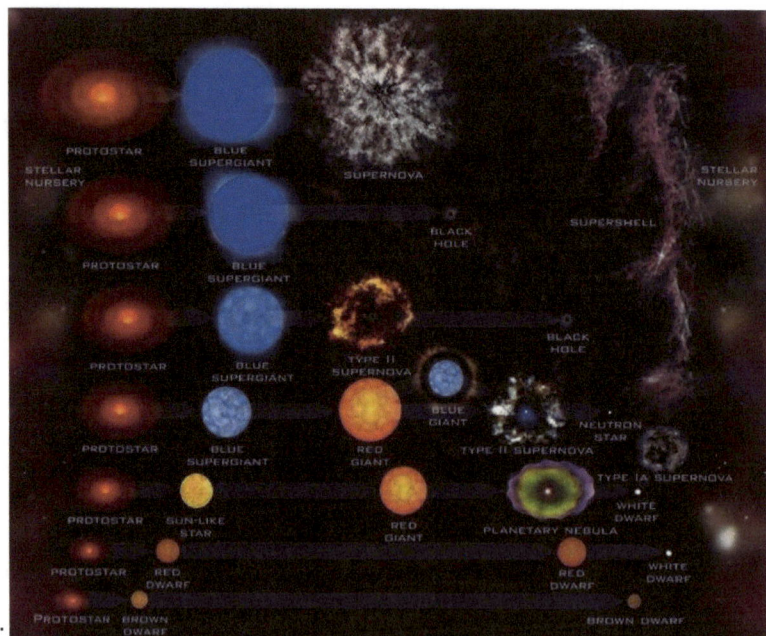

Todos discuten y analizan los primeros resultados hasta que se encuentran con el Espectro Electromagnético de cada elemento de la Tabla periódica:

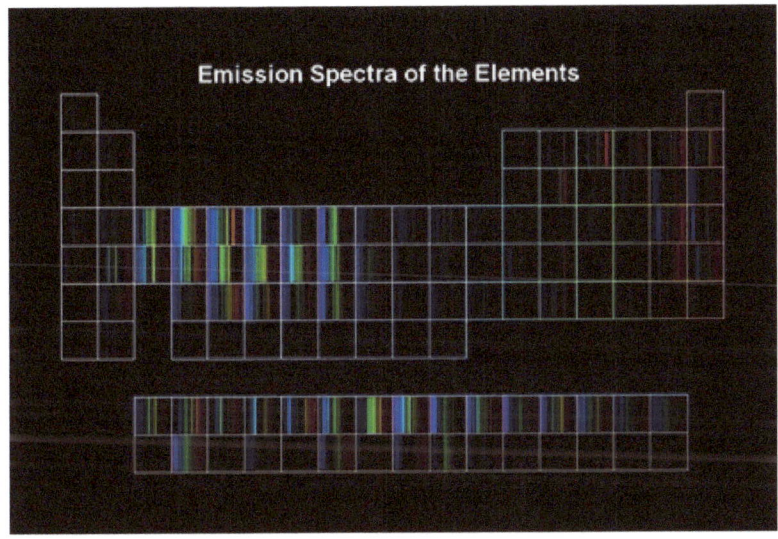

Roseta agrega: "Como está organizada la materia con tan solo 18 partículas fundamentales, cada elemento presenta su único e intransferible <espectro>, incluyendo dos tipos: de "emisión" y de absorción".

"Las estrellas, todas presentan su <espectro>, y así conocer su composición o gran parte de esta".

Si, responden Andrés y agrega: "Desde rayos Gamma hasta las ondas de radio, pasando por la luz visible, están o son parte del <espectro> electromagnético".

Y José interrumpe: "Por eso vemos ondas con una cierta cantidad de energía y frecuencia de acuerdo a su longitud y amplitud. Todas viajando a la velocidad máxima permitida en el Universo en que nacen y viajan por el Mar de Ondas Planck o Espacio-tiempo".

"Por dicha velocidad absorben o utilizan tanto espacio en su viaje que no pueden absorber el tiempo y este es cero o casi cero, durante toda su existencia o recorrido por el Universo".

"Si de acuerdo" responde Roseta y agrega: "Por eso vemos solo el pasado del Universo, desde el Sol con 8 minutos de retraso hasta cuásares con diez mil millones de años en el pasado".

"Así, el espectro parece ser un reflejo directo de la cantidad de energía transformada en materia, dependiendo de cada elemento de la Tabla periódica y de acuerdo a su configuración interna de quarks del núcleo, electrones y sus niveles energéticos".

José y sus compañeros comprenden que es de suma importancia lo anterior, pues entre muchos, permite asegurar el que toda la materia o elementos en el Universo, presentan las mismas características y calidades, sin que pueda existir, por ejemplo: "*Superman*" por un Sol amarillo o inventos fantasía de seres vivos superdotados con poderes mágicos y que no puedan sustentarse en dichas cualidades físicas de los átomos de la Tabla".

Andrés comenta con un tono de resignación: "Bueno amigos, quizás la Tabla periódica sea el único "absoluto" en la ciencia, aún cuando en ciencia no existen los absolutos" y todos no lograron detener la risa.

En ese instante, Roseta selecciona uno de los tantos objetos sobresalientes o especiales detectados, todos se admiran y sorprenden al proyectarse un objeto de la Vía Láctea, con más de mil millones de veces la cantidad de Oxigeno de la Tierra.

Roseta explica: "En esta imagen compuesta, la cámara 3 Wide Field del Hubble captó el resplandor del hidrógeno (azul), oxígeno (verde) y nitrógeno (rojo). Con un collar cósmico gigante que brilla intensamente. El objeto, llamado la Nebulosa del Collar, es una nebulosa planetaria con restos brillantes de una estrella ordinaria parecida al Sol".

José agrego: "La nebulosa consiste en un anillo brillante, que mide aproximadamente dos años luz o el doble de nuestro Sistema Solar, salpicado de nudos densos brillantes del gas que se asemejan a diamantes en un collar. Los nudos brillan intensamente debido a la absorción de la luz ultravioleta de las estrellas centrales".

Martín agrego: "Si, además, destacan un par de estrellas en órbita estrecha que produjo la nebulosa, también llamada PN G054.2-03.4. Hace unos 10,000 años, una de las estrellas ya envejecida, se hinchó hasta el punto en que engulló a su estrella compañera".

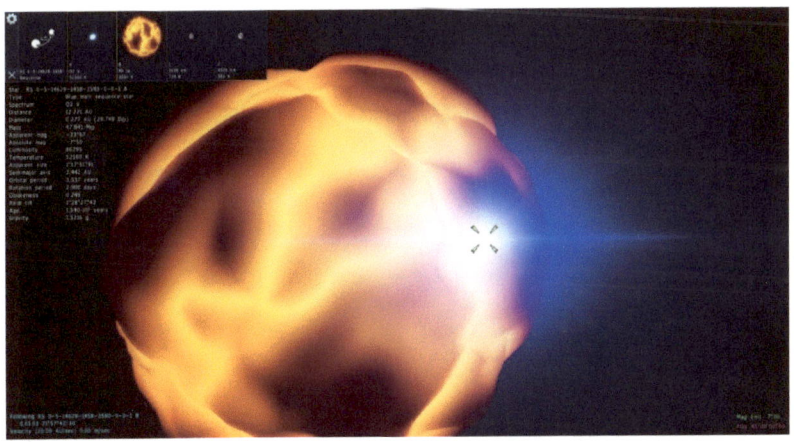

Kim respondió: "Bueno, pero la estrella más pequeña seguía orbitando dentro de su compañero más grande, aumentando la velocidad de rotación del gigante, de modo que la estrella se hinchaba cada vez más y se extendía tan rápido, que una gran parte de su envoltura gaseosa se <vacio> hacia el espacio".

Jorge afirmo: "La mayor parte del gas escapó a lo largo del ecuador de la estrella, produciendo un anillo. Los nudos brillantes son aglomeraciones de gas denso en el anillo. La pareja está tan cerca, a sólo unos pocos millones de kilómetros de distancia, que aparecen como un punto brillante en el centro de las imágenes".

Andrés, maravilladlo con las imágenes de la nebulosa comento: "Las estrellas están girando tan furiosamente alrededor de sí, que logran completar una órbita en poco más de un día".

Por comparación, Mercurio, el planeta más íntimo de nuestro Sistema Solar, orbita al Sol en 88 días. La Nebulosa del Collar se encuentra a 15,000 años luz de distancia en la constelación de Sagitario".

Todos seguían con gran interés los resultados obtenidos finales de varios años de estudio, no solo de ellos, por supuesto, sino de cientos o miles de investigadores en todo el mundo, que unían esfuerzos por estudiar a fondo el Universo.

De repente un resultado llamo la atención de todos en el refugio:

"Galaxias: Evolución, Tipos y Clasificación:"

Jorge recordó: "Las Galaxias presentaban un proceso evolutivo dominado por la curvatura local de espacio-tiempo, que producía la gravedad o atracción de átomos, hasta formar grandes estrellas. Y muchas de ellas se unían en el centro de su curvatura local, formando grandes agujeros negros, que al absorber grandes cantidades de estrellas, se transforman en Quásares, y estos logran emitir grandes cantidades de partículas a su alrededor para formar mas estrellas".

Julia destaco que "con el tiempo las galaxias pequeñas se unen y forman grandes galaxias y estas al unirse, forman grandes cúmulos galácticos con los cuales se forman la gran Red Cósmica".

Pero no todo era tan maravilloso, las simulaciones mostraban grandes supernovas por todas partes durante la existencia de las galaxias, grandes choques de estrellas, agujeros negros y miles de miles de planetas destruidos o absorbidos o lanzados fuera de sus sistemas estelares, en fin era un proceso muy violento, con grandes cantidades de energía por doquier, rayos gama, explosiones de estrellas de neutrones y quarks. etc. y sin esperarlo, uno de los resultados destaca por su número: 1781 Asteroides con más de 100 m diámetro, han sido detectados a la fecha y pasan cerca de la Tierra, a menos de 20 veces la distancia a la Luna. El Asteroide 2014 JO25 de casi 900 m. Paso a solo 4.57 veces la distancia a la Luna o 1.8 millones de km.

Kim un poco preocupada señalo: "Y regresara en 2091, pero este será el acercamiento mayor en los próximos 480 años. Bueno, si no roza demasiado a Mercurio o Venus. Y se rompe en varios o hasta choque con alguno de ellos".

José comenta con seriedad y una mezcla de tristeza y enojo: "Nuestra especie no se ha estado preparando para intentar evitar que un objeto menor a 1 km de diámetro, se estrelle contra el planeta y menos, para uno de 10 km o de 100 km. Sin embargo y sin vergüenza alguna, los gobiernos gastan todo en armas y maquinaria de guerra, pero la amenaza real esta y vendrá del espacio".

Todos se quedaron pensativos, mudos, incrédulos y finalmente tristes y molestos, pues comprendían que en cualquier parte del Universo donde pudiese existir vida inteligente, la especie sobresaliente por su inteligencia, es responsable de proteger a toda la vida de su planeta, como primera prioridad para su propia existencia y desarrollo.

Andrés, tratando de animar a todos, comento: "Bueno que decir, algunos, aún piensan que el Sol está quieto, como "estacionado" en el espacio, tal como antiguamente los libros de texto lo dibujaban, por tanto es difícil para muchos comprender lo importante, lo vital y menos hacer que sus gobiernos se dediquen a lo realmente critico".

"No obstante, otros ya pueden imaginar al Sol girando sobre su eje, otros más pueden visualizar su movimiento en un gran circulo y otros más pueden imaginar ese circulo transformarse en una gran elipse o rizo de casi 26,078.9 mil años de duración y otros más pueden imaginar los 8,666 giros o elipses del Sol y todo el sistema solar, con la nube de Oort, a la Galaxia, con duración total de 226 millones de años, pues solo ha hecho 18 o 18 años galácticos de edad del Sol".

Roseta, también animo a todos pues el cambio quizás estaría muy cerca y recordó como la energía cambia o se transforma".

"Así también, las civilizaciones cambian y se mejoran con el crecimiento del conocimiento.

Y solicito al computador mostrara los estados o fases de la energía detectados en todo el Universo visible. Las pantallas proyectaron 5 de 6 <Estados> o fases detectados en todo el Universo.

Jorge comento: "En otras palabras, la energía forjada en materia, incluyendo a los enigmáticos agujeros negros súper masivos y su temperatura superficial, indicio para saber de que están <forjados> o quizás encontremos al sexto estado".

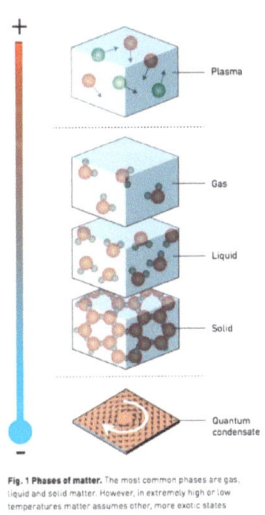

Fig. 1 Phases of matter. The most common phases are gas, liquid and solid matter. However, in extremely high or low temperatures matter assumes other, more exotic states

El primer estado, Condensado cuántico o espuma cuántica, era tan frio que no superaría un grado K, y el espacio-tiempo entre los átomos se reducirá a casi cero. Después conforme la temperatura se eleva, aparece el estado Solido, después el Liquido, para pasar a Gaseoso y alcanzar el Plasma cuando la temperatura es muy elevada.

Roseta confirma que el sexto estado se presupone dentro de los agujeros negros, un estado equivalente al condensado cuántico pero tan caliente como el plasma.

Martín describe la hipótesis preliminar: "Este estado requiere para poder existir, absorber grandes cantidades de espacio-tiempo o Mar de ondas Planck de su alrededor. Dando como resultado, que la superficie del horizonte de eventos este tan fría pero tanto, que no logra en ningún caso superar los 0.01 grados K. Y como el Universo tiene una temperatura promedio de 2.5 K, es muy fácil para los agujeros negros, absorber toda la energía del espacio-tiempo".

Andrés, comento: "Si, estamos de acuerdo, pero no olvidar a los "Quntum Quenches" y sus pruebas de Mecánica Cuántica. Pues un "enfriamiento rápido cuántico" permite estudiar la evolución temporal de las funciones de correlación, dentro de un sistema cuántico extendido y después del apagado de un parámetro en el hamiltoniano".

Y José respondió: "Si, por eso se demuestra que las funciones de correlación en dimensiones - d - pueden ser extraídas, utilizando métodos de fenómenos críticos límite en dimensiones d + 1. Pues para d = 1, permite utilizar las poderosas herramientas de la teoría de campo, en el caso de la evolución crítica y se obtienen varios resultados en la dimensión genérica de la aproximación gaussiana o de campo medio".

José respondió, "De acuerdo, pero estas predicciones se contrastan con la evolución en tiempo real de algunos modelos solubles y que permiten comprender qué características son válidas, más allá de la evolución crítica".

Kim señala: "Bueno, pero no olvidemos que todos los hallazgos pueden ser explicados en términos de una imagen generalmente válida, por lo que las cuasi partículas enredadas en regiones que estén dentro del orden de la longitud de correlación en el estado inicial y que logren propagarse con una velocidad finita a través del sistema, estarán en la imagen generalizada y sus mediciones".

Todos reflexionaron, pues recordaban los años dedicados a sus estudios. Desde muy jóvenes, sentían un entusiasmo inaudito por conocer su realidad, toda, completa y sin zonas oscuras o veladas.

Y pronto se enfocaban con toda su atención y de nuevo al espectro electromagnético, dentro de su pequeña sección de "luz visible" y sus peculiares partículas-ondas denominadas "fotones".

José comento: "Tradicionalmente se dice que los fotones no tienen masa. Esta es una figura de discurso que se usa para describir las propiedades de un fotón. La lógica puede construirse de muchas maneras y la siguiente es una de ellas".

"Tomar un sistema aislado (llamado una "partícula") y acelerarlo a alguna velocidad (v) en (un vector o dirección). Newton definió el "momento" (p) de esta partícula como también (un vector), de modo que: p se comporta de una manera simple cuando la partícula es acelerada o cuando está involucrada en una colisión".

Andrés respondió: "De acuerdo, esto significa que para que este comportamiento simple se mantenga, resulta que p debe ser proporcional a v. La constante de proporcionalidad se denomina "masa" m de la partícula, de modo que p = mv.

Roseta agrego: "Pero no olvidemos que en la relatividad especial, resulta que se define el (momento p) de una partícula tal que se comporta de forma bien definida y como una extensión del caso newtoniano. Aunque p y v siguen apuntando en la misma dirección, resulta que ya no son proporcionales. Un camino es aquel en el que podemos relacionarlos a través de la partícula como "masa relativista" (mrel)".

Todos estuvieron de acuerdo y José agrego: "Así: p = mrelv. Cuando la partícula está en reposo, su masa relativista tiene un valor mínimo llamado masa de "reposo". La masa de reposo es siempre la misma para el mismo tipo de partícula".

Y Andrés respondió: "Por ejemplo, todos los protones tienen sus masas de reposo idénticas y también lo hacen todos los electrones al igual que lo hacen todos los neutrones. Estas masas se pueden buscar en una tabla. A medida que la partícula se acelera a velocidades cada vez mayores, su masa relativista aumenta sin límite".

José, enfatizo en que "resalta también, que en relatividad especial se define el concepto de "energía" (E), tal que E tiene propiedades simples y bien definidas como las que tiene en la mecánica newtoniana".

Y agrego: "Cuando una partícula se ha acelerado de modo que tiene algún momento p (la longitud del vector p) y masa relativista m_{rel}, entonces su energía E resulta ser dada por $E = m_{rel}c^2$, y también por: $E^2 = p^2c^2 + m^2_{rest}c^4$. (1)"

"Hay dos casos interesantes de esta última ecuación: Si la partícula está en reposo, entonces p = 0, y $E = mc^2$. Si ponemos la masa en reposo = cero (independientemente de si es o no una cosa razonable que hacer), entonces E = pc.

Andrés respondió: "Muy bien, pero en la teoría electromagnética clásica, la luz resulta tener energía E y momento p. Y éstos pasan a estar relacionados por E = pc".

"Por tanto, la mecánica cuántica introduce la idea de que la luz puede ser vista como una colección de "partículas", es decir: los fotones. A pesar de que estos fotones no pueden ser llevados a descansar y por lo tanto la idea de masa de descanso o en reposo no se aplica realmente a ellos".

José agrego: "Sin duda, estas "partículas" de luz, dadas o generadas en el pliegue de la ecuación (1), por considerarlas que no tienen Masa de reposo, entonces la ecuación (1) da la expresión correcta para la luz, E = pc, y no se ha hecho ningún daño a $E = mc^2$".

"Si", responde Roseta, "La ecuación (1) ahora se puede aplicar a partículas de materia y a "partículas-ondas" de luz. Ahora puede usarse como una ecuación completamente general, y eso la hace muy útil".

"Las teorías alternativas del fotón incluyen un término que se comporta como una masa y esto da lugar a la idea muy avanzada de un "fotón masivo".

"Si la masa en reposo del fotón fuera no-cero, la teoría de la electrodinámica cuántica estaría en problemas, principalmente a través de la pérdida de la invariancia del indicador, lo que la haría no renormalizable".

" Y no olvidemos también a la conservación de la carga, pues ya no estaría absolutamente garantizada, como lo es, si los fotones tienen masa de reposo cero. Pero independientemente de lo que cualquier teoría pueda predecir, todavía es necesario comprobar esta predicción en experimentos".

José responde: "Es casi imposible hacer cualquier experimento que establecería que la masa del fotón sea exactamente cero".

Vladimir agrega: "Lo mejor que podemos esperar es poner límites. Una masa en reposo distinta de cero introduciría un pequeño factor de amortiguación en la ley de Coulomb inversa cuadrada de las fuerzas electrostáticas".

Andrés señala: "Muy Bien, esto significa que la fuerza electrostática sería más débil en distancias muy grandes". Asimismo, se modificará el comportamiento de los campos magnéticos estáticos".

"Así es" responde Yuri y destaca que: "se puede inferir un límite superior a la masa del fotón mediante mediciones de telescopios satelitales de campos magnéticos planetarios".

Roseta interrumpe y comenta: "de acuerdo, pero la nave espacial *Explorador* de Composición de Carga, se utilizó hace poco para derivar un límite superior de $6 \times 10-16$ eV con alta certeza. Y fue ligeramente mejorado a $7 \times 10-17$ eV". Además, estudios de campos magnéticos galácticos sugieren un límite mucho mejor de menos de $3 \times 10-27$ eV, con dudas sobre la validez de este método".

Al terminar de decir estas palabras, la computadora muestra un resultado inverosímil y todos detienen sus pláticas y búsquedas de resultados.

Las pantallas muestran un gran objeto espectacular de la Vía Láctea. Una estrella joven con un disco súper gigante de agua, con una temperatura promedio de entre 2 a 22 C (275 a 300 K) con más de 1.1 millones de veces, el agua de todos los océanos de la Tierra.

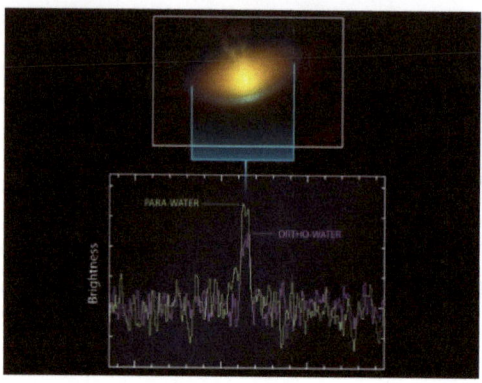

Pronto, proyectan una simulación de una nave espacial tipo submarino, que se introduce dentro de la gran dona súper gigante de agua y que gira vertiginosamente alrededor de su estrella. Dentro en las zonas donde la luz ilumina con toda su intensidad y calor. Los gigantes océanos son casi transparentes, con algunos planetas flotando en su interior como pequeñas rocas en un gran rio.

Julia comenta: "Es una maravilla y una gran fuente de agua para toda la Galaxia, disponible para todo aquel que lograse llegar. Además de imaginar toda la vida que podría albergar en su gigantesco interior, pues se requerirían más de diez mil Tierras colocadas en un gran círculo para equipara su gran masa".

Asombrados. no podían creerlo, cuando de manera súbita, el telescopio espacial capto otro evento relacionado con su proyecto.

Una pequeña estrella de quarks estalló en el espacio intergaláctico entre la galaxia de Andrómeda y la Vía Láctea. Estas grandes explosiones de energía "pura", eran conocidas como posibles asociaciones de FRBs (Fast Radio Bursts) (Ráfagas de Radio Rápidas con GRB (Gamma-Ray Bursts) (Brotes de Rayos Gamma).

José comento: "Si tales sistemas de asociación FRB / GRB son comúnmente descubiertos, la combinación de los desplazamientos al rojo de GRBs medidos a partir de FRB no sólo abre una nueva ventana para estudiar el Universo, sino, que también las convierte en una herramienta interesante para las restricciones EEP (*Principio de Equivalencia de Einstein*)".

Andrés agrego: "Muy bien, pero para estos dos sistemas de asociación FRB / GRB, se puede, en principio, utilizar su información de localización del GRB". Y solicito al computador los resultados. Y la respuesta no tardo:

Se detectó y localizó el GRB 101011[a] por Swif t / BAT a T0 = 16: 58: 35 UT, Octubre 11, 2020, con coordenadas (J2000) R.A. = 03h13m12s, Dec. = -65°59 ' 08 " [29]. A T0 = 03: 35: 06.10 UT.

El 04 de julio de 2019, el monitor de ráfaga de rayos gamma Fermi activado y localizado GRB 100704A, que fue también detectado por Swif t / BAT. Desafortunadamente, ninguno de estos dos GRB tenía una medición de desplazamiento al rojo.

El retraso tiempos entre estas dos frecuencias son Δ = 0,149 S para FRB / GRB 100704A y $\Delta tobs$ = 0,438 s para FRB / GRB 101011A.

José comento: "Con el rojo inferido. el carácter físico de FRB sigue siendo objeto de debate. Muchas explicaciones posibles para FRBs se han propuesto, incluyendo: Llamaradas Magnetar, Fusiones de estrellas de Neutrones, Fusiones Enanas blancas, Colapso súper-masivo de estrellas de neutrones, compañeros de Pulsares extra galácticos, Colisiones de asteroides gigantes con las estrellas de neutrones y por supuesto nuestra preferida la "Quark Nova"".

Roseta enfatizo sobre que "todos estos modelos, consideraron FRBs como fuentes de explosión extra galácticas. Cabe señalar que algunos otros modelos, que sugieren un origen galáctico (es decir, dentro de la Vía Láctea) para FRBs, también se contemplaron en nuestros estudios, por ejemplo, las estrellas de Bengala galácticas".

José explico: "La gran importancia de estas grandes explosiones intergalácticas, es que suceden donde se supone no existe casi nada. Además, las estamos utilizando para determinar la densidad de masa de bariones del Universo y también para restringir parámetros cosmológicos y validar si existe o no la energía oscura".

Martín confirmo y agrego: "Aquí proponemos que los FRBs originales cósmicos, son también, buenos candidatos para restringir el EEP, lo que podría ampliar el alcance del rango de energía EEP probado, a la banda de radio con alta precisión. Recordemos que el *Principio de Equivalencia de Einstein (EEP)* es un Fundamento de la relatividad general y muchas otras Teorías de la gravedad".

José respondió algunas preguntas de sus compañeros y termino comentando: "Las encuestas de pulsos ofrecen una rara oportunidad para monitorear el cielo de radio para eventos impulsivos de tipo ráfaga con duraciones de milisegundos".

Roseta agrega, "Si, se analizaron los datos de la encuesta archivística y se encontró una explosión dispersa, de menos de 5 milisegundos de duración, ubicada a 3° de la Nube Magallánica Pequeña".

Martín agrego: "Las propiedades de la ráfaga, argumentan en contra a una asociación física con nuestra Galaxia o la Pequeña Nube de Magallanes. Los modelos actuales para el contenido de electrones libres en el universo implican que la ráfaga está a menos de 1 gigaparsec de distancia".

Kim resalta que "no se observaron más ráfagas en 90 horas de observaciones adicionales, lo cual implica, que se trataba de un evento singular, como una supernova o de objetos relativistas".

Andrés aclaro: "Muy bien, cientos de eventos similares pueden ocurrir todos los días y si se detectan, podrían servir como sondas cosmológicas. Tras el primer informe de un FRB, una serie de nuevos FRB's han sido detectados, con más de cien casos".

Kim aclara: "Si, pero la mayoría de estos estallidos se localizan en altas latitudes galácticas. Y tienen medidas de dispersión anormalmente grandes".

Roseta responde: "Si, de acuerdo, la tasa de eventos observados se pronostica que es ~ 10-3 gal-1. Además, los componentes de mayor frecuencia FRB llegan antes que sus contrapartes de baja frecuencia, El retardo de tiempo de llegada en una frecuencia dada".

Andrés responde, "Muy bien, basándonos en estas características típicas, se sugiere que estas fuentes pueden originar, a distancias cosmológicas, desplazamientos al rojo de 0,5 a 1. Si es así, la energía total isotrópica liberada en un FRB se deduce que es ~ 1038 x 10 a la 40 erg, y el pico o la luminosidad de la radio se estima en ~ 1042 x 10 a la 43 erg y equivalente a casi 10.42 estrellas como nuestro Sol explotando al mismo tiempo y al parecer solo las Quark nova tiene ese potencial energético al estallar".

En ese instante las pantallas proyectan a un veloz estrella, "es quizás la estrella más rápida conocida en nuestra Galaxia" comento Roseta y la identifico como "es US 708 viajando a unos 1,200 kilómetros por segundo. Esta velocidad es el doble de la necesaria para vencer la gravedad de la Galaxia y por tanto pronto nos dejara para visitar el espacio intergaláctico. Viaja tan rápido, producto de una supernova de su compañera, quien la impulso a su gran velocidad actual".

La mayoría estaba de nuevo sorprendida, al mirar la simulación del sistema planetario que acompañaba a la estrella más rápida conocida, pues podían desde cualquier supuesto planeta, mirar la galaxia y como esta se hacia cada vez más pequeña, hasta que lograban escapar de ella y adentrarse en el espacio intergaláctico.

Seguían muy impacientes conforme se acercaba la noche, ese día quizás podrían ver la posible Supernova visible que se producirá durante el año (2022). Han esperado cada noche desde hacia meses y hoy parece ser por fin el día del gran evento.

José comento: "Las alarmas están encendidas, la estrella conocida como KIC 9832227, siendo una estrella binaria que se encuentra a 1,800 años luz, en la constelación del Cisne y que también hemos identificado como una binaria eclipsante, con una periodicidad de casi 11 horas. Ha iniciado (hace 1,800 años) la <fusión> parcial de una de ellas y ha producido una luminosa nova roja, que podrá observarse durante casi seis meses. Y puede ser vista a simple vista desde esta noche".

La impresionante explosión se produjo fruto de la absorción de una de ellas por su compañera, dejándola a casi la mitad de su masa, y sin la cantidad suficiente para continuar su existencia y en ese momento la estrella aumento su brillo diez mil veces, convirtiéndose en una de las estrellas más brillantes en el cielo durante varias semanas.

Sus planetas serian destruidos y afectaría gravemente a todos lo sistemas que estén a menos de 30 años luz de distancia.

Algunos pensaron que si acaso existía alguna civilización inteligente en esos sistemas vecinos, estarían, sin duda, desde hacia mucho tiempo, en franca huida.

En los siguientes días, el grupo trabajaba con dedicación y muy entusiastas, por enfrentar en cada investigación, un nuevo resultado o análisis u observación. También, recorrían varias horas el bosque y las lagunas que rodeaban el refugio y por las noches sin luna, la oscuridad era casi total, pues los poblados más cercanos estaban a más de 30 km. Y por tanto, no existía contaminación lumínica en muchos kilómetros alrededor. Tenían a su alcance un fuerte contacto con la naturaleza el cual valoraban mucho.

Esa tarde noche, reunidos en el refugio, se preparaban para presentar sus conclusiones, pero la alarma del radio telescopio alerto a todos de que algo sucedía en el cielo y se dirigieron con velocidad al centro de computo y ver que estaba pasando.

En las pantallas se proyectaban dos Pulsares de giro ultra rápido PSR B1937 + 21 (P37) es un pulsar situado en la constelación "Vulpecula" y el segundo PSR B1919 + 21. El nombre PSR B1937 + 21 se deriva de la palabra "pulsar" y la declinación y ascensión recta en la que se encuentra, con la "B" indicando que las coordenadas son para la época 1950. P37 fue descubierto en 1982.

José comento: "Es el primer pulsar de milisegundo descubierto, con un período de rotación de 1,557.780 milisegundos exactos. Esto significa que completa casi 642 rotaciones por segundo. Este período fue mucho más corto de lo que los astrónomos consideraron sobre si los pulsares eran capaces de alcanzar tales velocidades de rotación".

Andrés agrego, "Muy bien, esto confirma nuestra hipótesis de que los púlsares pueden ser hilados por acreción de masa de un compañero. Puesto que la rotación de pulsares de milisegundos descubiertos es muy estable y son capaces de marcar el tiempo, tal como los relojes atómicos".

Roseta enfatizo: "Bueno, P37 es inusual. Puesto que es uno de los pocos pulsares que ocasionalmente emite pulsos particularmente fuertes".

Kim añadió: "Si, además la densidad de flujo de los pulsos gigantes emitidos, son las emisiones de radio más brillantes jamás observadas".

José agrego: "Si, toda la razón, en noviembre de 1982, encontraron que el período de rotación de P37 estaba aumentando a una tasa de 3 × 10 a la -14 segundos por segundo. Se espera que los pulsos disminuyan con el tiempo, ya que la energía que emiten es en última instancia extraída de la energía rotacional del pulsar".

Vladimir destaco: "al aplicar los valores inicialmente observados para el período y la tasa de reducción de espín y asumiendo un período mínimo de 0,5 milisegundos para los púlsares, se encontró que la edad máxima para P37 era de aproximadamente 750 años".

Roseta aclaro, "es que la estimación del período mínimo posible se obtiene a partir del límite de ruptura centrífuga, que es el período de rotación en el que la fuerza centrífuga y la auto gravedad del pulsar son iguales, verdad¿?".

Y José y los demás confirmaron, y agrego Andrés, "Muy bien, el valor del período de rotación mínimo depende de la ecuación de estado de la estrella de neutrones, con diferentes modelos que dan valores entre 0,3 y 1 milisegundo, lo que corresponde a una frecuencia de rotación de 1-3 kilohercios. Puede haber mecanismos como la radiación gravitacional que impiden que el pulsar alcance este límite absoluto, pero los pulsares no pueden girar más rápido".

José respondió, "Si de acuerdo, pero una edad de no más de 750 años para el P37 estaba en desacuerdo con las observaciones de la región en otras longitudes de onda. No se observó restos de supernova óptica, ni fuente de rayos X brillante en las inmediaciones.

Martín confirmo: "Si P37 es tan joven, no habría tenido tiempo de alejarse del sitio en el que se formó".

"Pues a medida que las estrellas de neutrones se forman como resultado de explosiones de supernovas. Por tanto, la evidencia de la explosión debe estar cerca para un púlsar joven".

Roseta comento: "Si tienes razón, pero si fuera tan joven, también se esperaría que todavía estuviera caliente, en cuyo caso la radiación térmica de P37 sería observable en longitudes de onda de rayos X. Por tanto, la hipótesis de *Venkatraman Radhakrishnan y G. Srinivasan*, de que a falta de un remanente de supernova observado, es factible. En otras palabras, no se formo con un período tan rápido, sino que posiblemente fue "hilado" por una estrella compañera, que esencialmente dio al pulsar su momento angular y esto explica algunos de los pulsares de milisegundos".

El grupo estaba de nuevo muy emocionado con los resultados y como también habían efectuado una estimación teórica de la tasa de rotación necesaria para lograr 1×10 a la -19 segundos por segundo. Revisaron su archivos y comprobaron la estimación del límite superior de la tasa de reducción de spin, con sólo un mes después del descubrimiento inicial, a 1×10 a la -15 segundos por segundo, pero el valor medido actualmente era muy cercano a la estimación teórica, de 1.05×10 a la -19 segundos por segundo.

La edad de P37 también se determinó más tarde en $2,29 \times 10$ a la 8 años, un valor que es compatible con la evidencia observacional.

El compañero que se suponía que tiene P37 ya no está presente, lo que lo convierte en uno de muy pocos Pulsares de milisegundos, que no tiene un compañero de masa estelar.

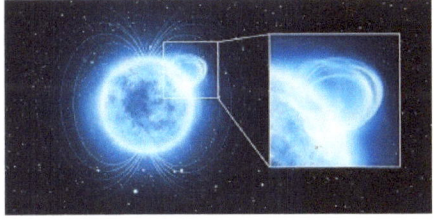

Todos se felicitaron y celebraron hasta el amanecer.

A la mañana siguiente, se despertaron sobresaltados por la alarma del computador principal e indicaba el término de unos de los cálculos más grandes que habían efectuado. Además, contenía los resultados obtenidos por varios súper computadores instalados en sus Universidades - Institutos. Y apresuradamente acudieron al observatorio para ver que sucedía.

Las pantallas proyectaban a la *Gran Muralla de Hércules-Corona Boreal* (también llamada Complejo de Supercúmulos de Hércules-Corona Boreal).

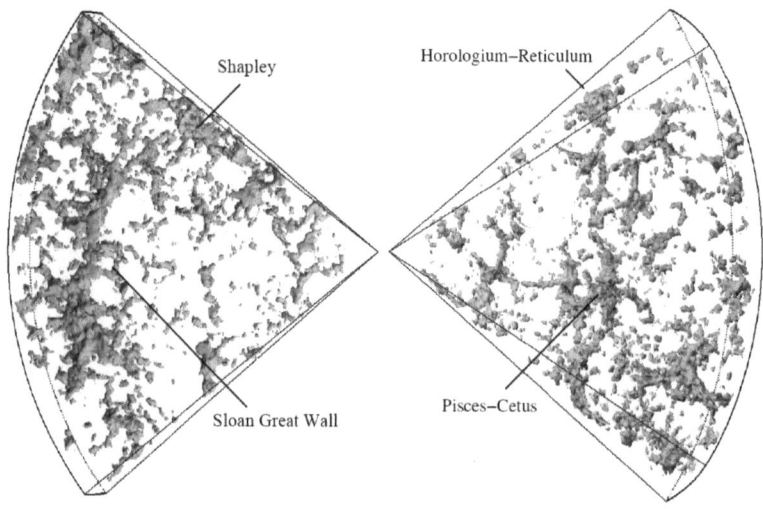

Roseta comento: "es una inmensa superestructura de galaxias que mide más de 2,000 años luz de longitud. Es la estructura más grande y más masiva conocida en el universo observable. La segunda es quizás la *Gran Muralla Sloan*, que también es un muro gigante galáctico en el Universo.

Datos del telescopio de exploración digital del espacio *Sloan*, revelaron que la pared o el muro mide 1,370 millones de años luz de longitud y está situado aproximadamente a mil millones de años luz de la Tierra". Las imágenes que acumulaban los registros de todas las galaxias y sus súper cúmulos mostraban grandes concentraciones de materia y energía y grandes espacios casi vacios.

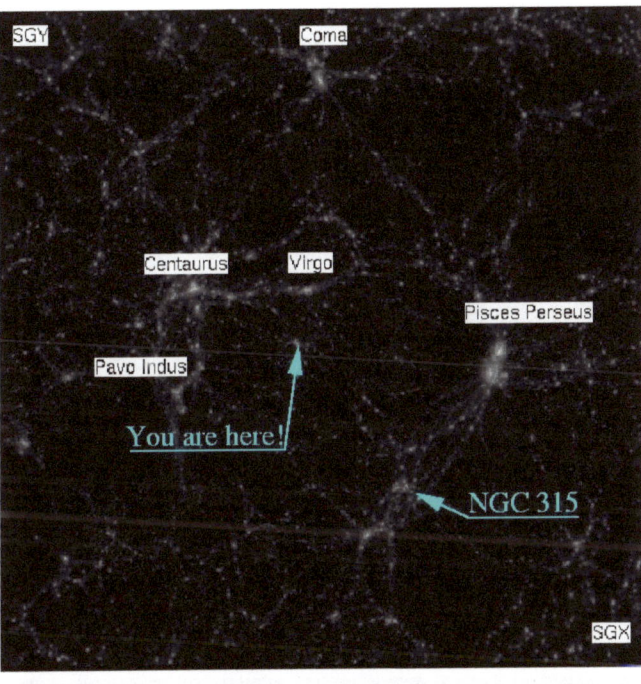

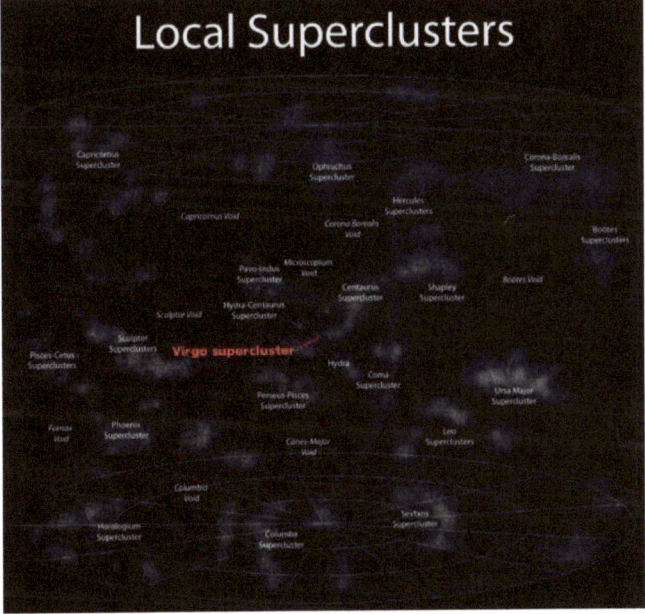

Local Superclusters

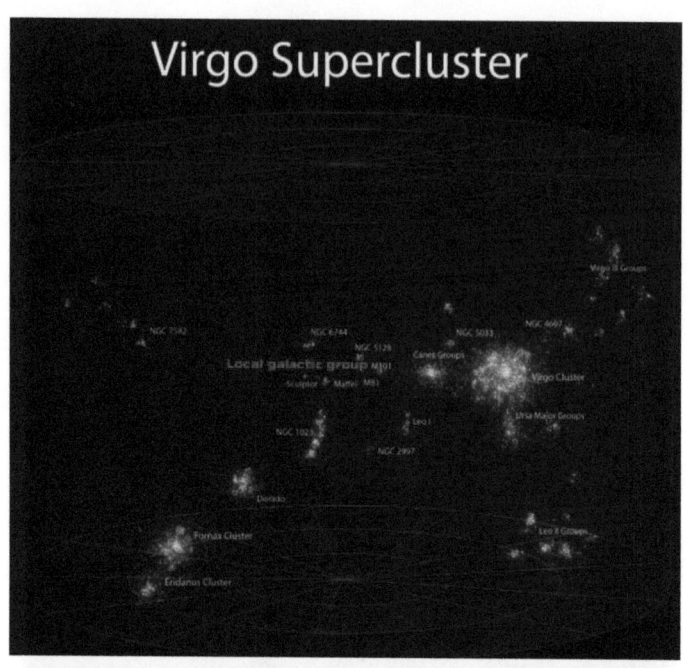

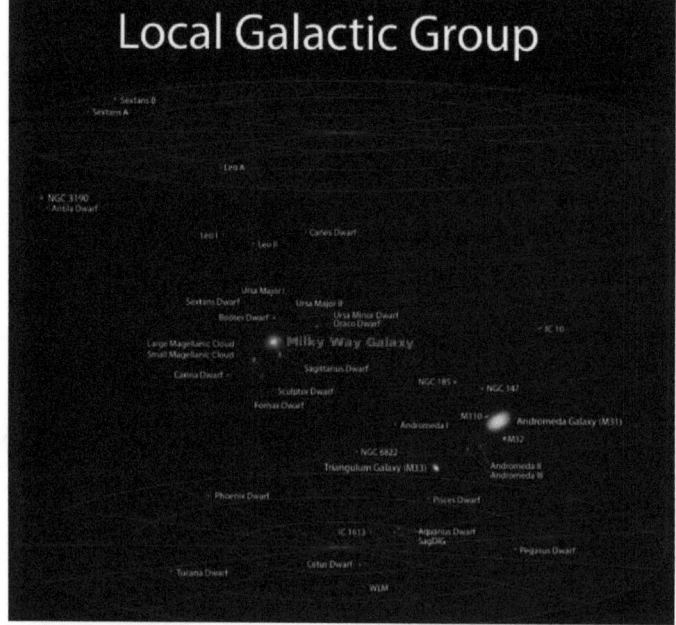

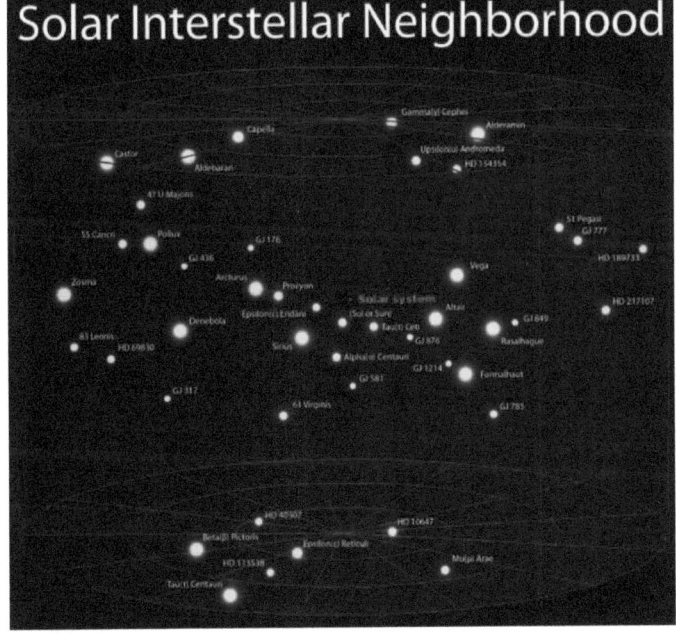

José describe: "Los grandes racimos o cúmulos de galaxias, se distribuyen como la materia de una <esponja>, dejando inmensos vacíos entre unas y otras". Y recuerda que: "Desde 2002 *Jaan Einasto*, del Observatorio Tartu en Toravere (Estonia), descubrió que los Cúmulos de galaxias y los Vacíos, se repiten cada 390 Millones de años luz (Mal) y dan lugar a una estructura tipo celular".

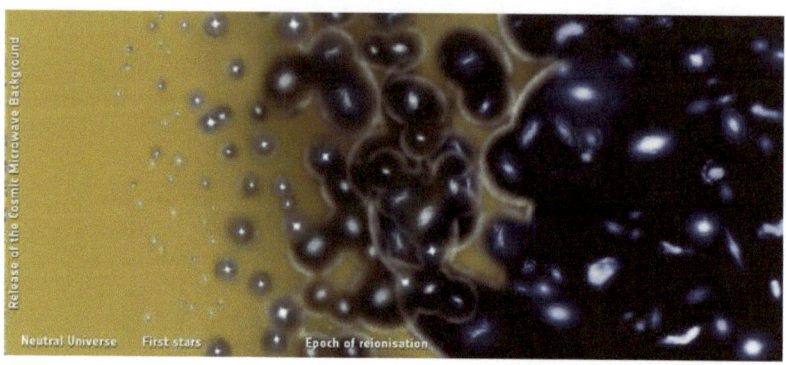

Y agrego "Pero ¿qué significa 390 Mal? Una posible explicación radica en que "el Universo primitivo" estaba lleno de <ondas sonoras> que -comprimían- y -rarificaban- la materia inicial y la luz, del mismo modo que sucede con el aire dentro de una flauta o una trompeta, como explica el cosmólogo italiano Paolo de Bernardis".

"Si esta hipótesis es cierta, significa que los <microscópicos murmullos> generados cuando el universo tenía tan solo 300 mil años de edad, lograron que la sopa de quarks se condensara en hidrogeno y diera lugar a las pequeñas semillas de materia de donde, muchos millones de años después, se formarían las galaxias".

Andrés interrumpió y agrego: "Muy bien, el cocimiento inicial del Universo y su expansión acelerada lograría enfriar el espacio-tiempo o Mar de Ondas Planck, enfocando toda su gran energía, en la formación del "esqueleto" de la Gran Red Cósmica". Tal como las fracturas en un hielo, donde se concentran las tensiones o la energía. Algo Así como la tectónica de placas pero del Universo".

José y todos se sorprendieran aún más, bueno, ya no tenían espacio para el asombro.

Martín continuo: "Entonces, si comparamos el universo con un tubo de órgano, podemos decir que las estrellas se parecen a campanas", pues por su superficie viajan ondas sonoras con las que intuimos lo que sucede en su interior. Esta peculiar rama de la astrofísica moderna se conoce con el nombre de astro sismología. La primera estrella donde se descubrieron estas débiles oscilaciones fue en nuestro Sol".

Roseta responde: "Es cierto, en la década de 1960 los telescopios solares revelaron que su superficie está recorrida por ondas acústicas parecidas a las de los terremotos y estas vibraciones están relacionadas con las reacciones súper energéticas que tienen lugar en el interior de la estrella".

Vladimir enfatiza "Si, así es, la energía producida en el horno nuclear del Sol se transmite a la superficie por convección, el mismo mecanismo que hace que el agua comience a bullir cuando se hierve. La materia caliente sube mientras que la fría baja".

Roseta responde: "Si, en el Sol las burbujas de gas ascienden a la superficie a una velocidad cercana a la del sonido. Por desgracia, no somos capaces de oír su borboteo porque no se propaga por el espacio. Y aunque estas ondas se transmitieran, no podríamos escuchar nada, pues su frecuencia se encuentra por debajo del umbral del oído humano. Por eso solo analizamos cómo vibra cada campana (estrella) cósmica, y nos proporciona una valiosa información sobre las condiciones físicas de sus corazones estelares".

Jorge confirma: "De acuerdo, el Sol no es el único astro cantarín; en el resto de las estrellas también se genera el mismo tipo de oscilaciones. El problema es que son muy débiles y resulta difícil detectarlas.

Kim señala: "No obstante, gracias a nuestros colegas suizos *François Bouchy y Fabien Carrier*, del Observatorio de Ginebra (Suiza), tenemos la primera observación o registro del tañer de otra estrella".

"Si", responde Roseta: "Fue Alfa Centauri A, a sólo 4 años-luz de nosotros y visible a simple vista desde el hemisferio Sur. Sus medidas han demostrado que esta estrella, muy parecida a la nuestra, pulsa con un ciclo de 7 minutos. El paso del tiempo no sólo lo marca nuestro reloj".

Al amanecer, tenían los resultados esperados por todos durante tanto tiempo, se preparaban para la gran tarea final. Además, incluyeron una gran variedad de comidas típicas del país, para celebrar, sin importar que sucediera.

La gran amistad y objetivos comunes, forjaron una fuerte unión y solidaridad de todos como uno solo.

El primer punto de análisis se refería al Universo observable, horizonte del universo u horizonte cosmológico el cual constituye la parte visible del Universo total.

Juan enfatiza en los resultados obtenidos: "Muestra tener un espacio-tiempo geométricamente <plano> señalado en la imagen como "zona blanca actual" con un tamaño aproximado de cinco mil millones años luz de ancho de la franja blanca".

Radio de 1,37 x 10 a la 26 m,
Volumen de 1,09 x 10ª la 79 m3 y
Masa de 9,27 x 10 a la 52 kg,
Densidad masa-energía equivalente es de 8,46 x 10-27 kg/m3.
4,9% de materia ordinaria

(Datos recogidos por la sonda Planck).

Y continua explicando que "la densidad de los átomos está en enfocada a un núcleo de Hidrógeno sencillo por cada cuatro metros cúbicos".

Julia destaca: "La naturaleza de la energía oscura y la materia oscura fría sigue siendo un misterio. No obstante, proponemos diferentes candidatos para ambas cosas":

"Partículas y fuerzas ya existentes o nuevas o modificaciones de la relatividad general, sin embargo no se encontró ninguna confirmación experimental sobre ninguna de ellas".

Pedro señala: "Se sugiere que la relatividad general clásica en cuatro dimensiones del espacio-tiempo, incorpora un elemento primordial basado en el principio de Tensión Máxima y es posible demostrar que el valor de la tensión máxima es c4/4G".

"Y se discute la relación de este principio con otros principios máximos posiblemente más profundos. En particular, la relación con la tensión en la Teoría de cuerdas".

"En ese caso, conduce a una relación puramente clásica entre G y la constante de acoplamiento de cadena clásica α y la velocidad de luz c y como saben, no implico la constante de Planck".

Andrés continua: "Muy bien, por estas razones, el tamaño mínimo "posible" del Universo y hasta los extremos y considerando sus características principales tales como: Universo de tipo –oscilante- (Big Bang to Big Crunch), -intrascendente- o con agujeros negros que eliminen todo rastro e información del Universo, finito pero ilimitado, es mayor a 46,500 millones de años luz en todas las direcciones desde la Tierra".

José añadió: "De acuerdo, así el Universo visible se puede considerar como una dona perfecta con la Tierra en la zona blanca y un diámetro de unos 93,000 millones de años luz que equivale a... 888,000 trillones de km ó... 5,865 billones UA".

Julia respondió admirada: "Aún considerando que la edad del universo sea de 13,666 millones de años. Pues la expansión producida, debido al Big Bang, hace que el Universo más lejano observable, se haya alejado mucho más que esa distancia, a pesar de haber transcurrido menos de 13,700 millones de años terrestres o 60.4 años galácticos o 1,138 años de Júpiter" bromeo.

Entre abrazos y risas todos se felicitaron y celebraron hasta el amanecer.

Ya por la tarde noche, José, inicio la reunión felicitando a todos y agradeciendo el apoyo brindado y comento un tema que intrigo e impacto a todos: "La reconciliación de los modelos de GR (Relatividad General) y QM (Mecánica Cuántica) es posible".

Y continúo: "La discrepancia entre la Mecánica Cuántica (QM) y su calculo de la densidad de energía de vacío (10 a la 113 J/m3), contra el cálculo de la densidad de energía cosmológicamente observada del Universo GR (10 a la -9 J/m3), es la mayor discrepancia numérica de toda la historia de la física".

Y agrego: "La diferencia es un factor de alrededor de 10 a la 122, pero esto normalmente se redondea a 10 a la 120. La normal interpretación, es que tiene que haber algún otro efecto que anula lo que parece ser una ridículamente grande densidad de energía en la Mecánica Cuántica".

"Sin embargo, existe una buena evidencia de que existen fluctuaciones del vacío que son necesarias para muchos de los efectos de la mecánica cuántica actuales".

"Por lo tanto, ellas simplemente no pueden ser canceladas por otro efecto que de alguna manera elimina todos los efectos de estas fluctuaciones". Y recalco: "La densidad de energía de 10-9 J/m3 obtenida mediante la observación cosmológica, no es mirar la estructura interna del espacio-tiempo, con su tremenda densidad de energía de las ondas dipolo".

Martín señalo: "Si, de acuerdo, eso es debido a que las observaciones cosmológicas son sólo mirando a la densidad energética de los fermiones y bosones. Esta densidad no contiene la estructura interna del espacio-tiempo".

"Recordemos que las ondas gravitatorias pueden propagarse a través del espacio-tiempo vacio de fermiones o bosones, por lo tanto, asumiendo que la densidad de energía total del universo fuera de 10-9 J/m3, significaría solo mirar a la espuma de las olas en la superficie del océano y hacer caso omiso de toda el agua que conforma dicho océano".

Y a continuación se proyecto la simulación completa de generación de un Universo como el nuestro.

José explico que se incluía la razón de que la materia ganara este Universo a la antimateria después de la era de la radiación del Universo, pues se detecto que existió una pequeña diferencia de ellas desde su generación a partir de la energía de vacio.

Una posible explicación a esta pequeña diferencia es que fue gracias al anterior "rebote" generado por su tamaño y su dirección de nuestro actual Universo oscilante. Los trillones de cálculos efectuados durante todos estos meses muestran, que desde la primera auto aniquilación de un quark y su antiquark y hasta generar un Universo con la energía y materia como el nuestro, indican casi <618> rebotes desde el primer Big Bang hasta el nuestro.

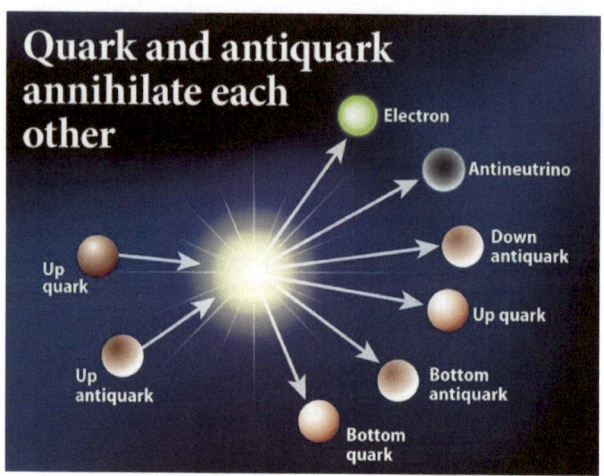

Las emociones y las despedidas anunciadas, se sentían con fuerza en el ambiente del gran salón, donde habían trabajado con gran tenacidad y empatía, logrando integrar sus hipótesis y conocer un poco más del Universo y claro, festejar el termino de sus tesis. Todos se sentían integrados a la <magia real> del Cosmos.

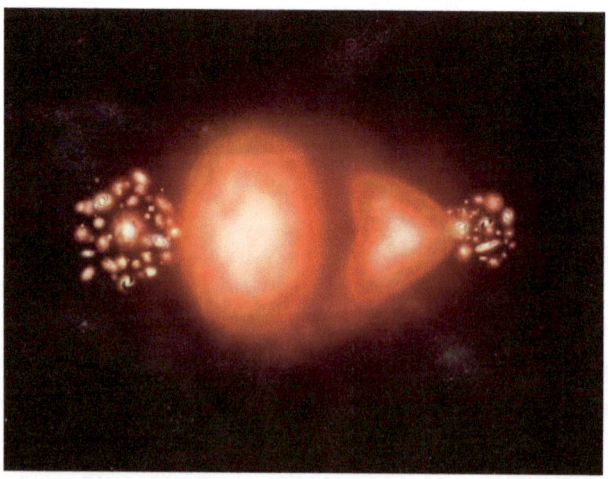

Ciencia en ficción extrema.

El Gran rebote del Universo

-sobre si mismo-.

Agradecimiento especial para:

Instituto Max Planck, Alemania
Instituto de Astronomía, UNAM, EUM
Instituto Avanzado de Cosmología, EUM
Universidad de Liverpool, UK
Universidad de California, USA
MIT, USA
Cinvestav, IPN, EUM

Aurora Ávila
Achim Steiner
Christine Allen IA UNAM
Jacque Fresco
John A. Macken
Mariana Espinosa
Niel deGrasse Tyson
Roseta Ballester
Xavier Hernández IA UNAM

NASA (USA)
CERN (UE)
RKA roskosmos (Rusia)
PNUMA (ONU)
PINCC (UNAM)
Observatorio Atacama: ALMA, Chile
Observatorio Europeo Austral ESO
Fundación Nacional de Ciencia de EE.UU. (NSF)
Institutos Nacionales de Ciencias Naturales de Japón (NINS),
NRC de Canadá y ASIAA de Taiwán
The State Hermitage Museum (Russia)
Nature Publishing Group NPG (UK)
Grupo Krisis, (Alemania)

Proyecto de colección

R&M.

www.ingramcontent.com/pod-product-compliance
Lightning Source LLC
Chambersburg PA
CBHW041059180526
45172CB00001B/22